ABHANDLUNGEN DER DEUTSCHEN AKADEMIE
DER WISSENSCHAFTEN ZU BERLIN

Klasse für Mathematik, Physik und Technik

Jahrgang 1963 Nr. 1

WOLFGANG HINZE

ZUM EINFLUSS DER WÄRMEVERLUSTE AUF DEN WIRKUNGSGRAD VON DIESELMOTOREN

Mit 26 Abbildungen und 6 Tabellen

AKADEMIE-VERLAG · BERLIN
1963

Vorgelegt von Hrn. Jante in der Klassensitzung vom 7. Juni 1962

Zum Druck genehmigt am gleichen Tage, ausgegeben am 15. Februar 1963

Erschienen im Akademie-Verlag GmbH, Berlin W 8, Leipziger Straße 3—4

Lizenznummer: 202 · 100/512/63

Gesamtherstellung: VEB Druckerei „Thomas Müntzer" Bad Langensalza

Bestellnummer: 2001/63/I/1 · ES: 20 L 2 · Preis: DM 7,80

INHALTSVERZEICHNIS

1. Einleitung [1])

Ein beträchtlicher Teil der während der Kraftstoffverbrennung im Zylinder eines Verbrennungsmotors entwickelten Wärme geht vom Arbeitsstoff an die Zylinderwand über. Er gelangt durch diese hindurch an das Kühlmittel und von dort schließlich an die Umgebung. Die damit aus dem motorischen Energieumwandlungsprozeß ausscherende Wärmemenge, der sog. Wärme- oder Wärmeübergangsverlust, ist für die Nutzanwendung, d. h. für die Entwicklung mechanischer Arbeit im Motor verloren. Der hierdurch in Erscheinung tretende Arbeitsverlust, der sog. Wandverlust, hat normalerweise neben den mechanischen Verlusten den größten Anteil an den eigentlichen motorischen Verlusten [1][2]).

Um mit dem Ziel der Wirtschaftlichkeitserhöhung eines Verbrennungsmotors den Wandverlust durch geeignete Maßnahmen möglichst klein halten zu können, müssen zunächst die Auswirkungen der verschiedenen, den Wärmeverlust beeinflussenden Betriebs- und Konstruktionsfaktoren auf den Wirkungsgrad nach Art, Größenordnung und Tendenz erkannt werden. Für Dieselmotoren mit kompakten Brennräumen will die vorliegende Arbeit einen Überblick hierzu geben.

2. Gang der Berechnung

Zur Klärung der Zusammenhänge wird ein Berechnungssystem gewählt, bei dem andere Verlusteinflüsse auf den Wirkungsgrad als die des Wärmeüberganges zwischen Gas und Zylinderwand eliminiert sind. Es müssen dazu einige vereinfachende Annahmen getroffen werden, so daß die Absolutbeträge der Untersuchungsergebnisse von eingeschränkter Wirklichkeitstreue sind und nicht ohne weiteres in die bei experimentellen Motoruntersuchungen aufgenommenen Werte übertragen werden dürfen. Die Vereinfachungen sind indessen solange gerechtfertigt, als ein für Dieselmotoren exakt gültiges Gesetz für die Wärmeübergangszahl α_w zwischen Gas und Zylinderwand nicht existiert. Das gewählte Berechnungssystem liefert jedoch — ähnlich dem System idealer Luftkreisprozesse, mit dem es in gewissen Grundsätzen übereinstimmt — untereinander vergleichbare Ergebnisse. Es macht dabei brauchbare Aussagen über die Art der Konstruktions- und Betriebsgrößen, die über die Wärmeverluste auf den Wirkungsgrad einwirken, sowie über ihre unterschiedliche Beeinflussung des Wirkungsgrades hinsichtlich Größenordnung und Tendenz.

2.1 Die Hauptgleichung

Bei der Ableitung der Hauptgleichung für die vom Wärmeverlust verursachte Wirkungsgradeinbuße φ_{WU} wird ausgegangen von einem verlustlosen Motor, in dem ideale Luft als

---

[1]) Diese Arbeit ist die erweiterte Fassung der von der Fakultät für Maschinenwesen der Technischen Universität Dresden angenommenen Habilitationsschrift des Verfassers mit gleichlautendem Titel.

[2]) Die eckig geklammerten Ziffern im Text beziehen sich auf die entsprechend bezifferten Quellenangaben im Literaturverzeichnis.

Arbeitsstoff einen idealen SEILIGER-Prozeß durchläuft. Im SEILIGER-Prozeß wird bekanntlich der Arbeitsstoff während des Kompressionshubes adiabatisch verdichtet (1 . . . 2 in Abb. 1). Die anschließende Wärmezufuhr findet teils isochor (2 . . . 3) im Kompressionsvolumen v_2, teils isobar (3 . . . 4) beim Höchstdruck P_3 statt. In der nach Abschluß der Wärmezufuhr, Punkt 4, einsetzenden adiabatischen Expansion (4 . . . 5) entspannt sich der Arbeitsstoff bis auf das Gesamtzylindervolumen v_1. Den Abschluß im Prozeß bildet die isochore Wärmeabfuhr (5 . . . 1).

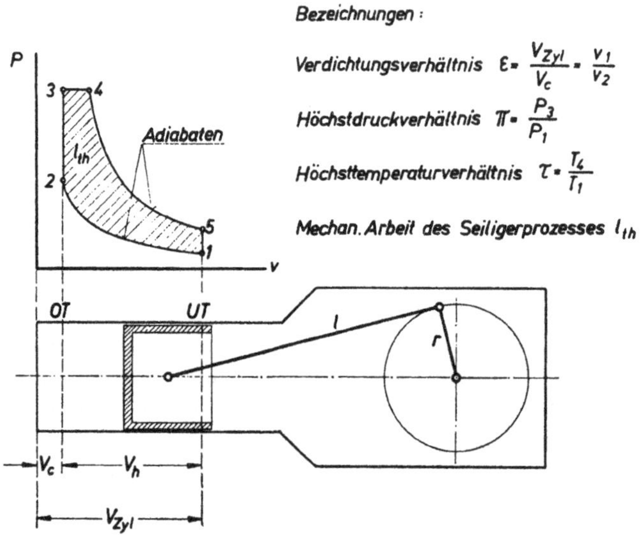

Abb. 1. Der ideale SEILIGER-Prozeß im verlustlosen Verbrennungsmotor

Der ideale SEILIGER-Prozeß hat den Wirkungsgrad η_{th}.

$$\eta_{th} = \frac{A\,l_{th}}{q_+}. \tag{1}$$

$A = \frac{1}{427} \frac{\text{kcal}}{\text{kpm}}$ mechanisches Wärmeäquivalent,

l_{th} $\frac{\text{kpm}}{\text{kg}}$ die von 1 kg idealer Luft beim einmaligen Ablauf des Prozesses theoretisch abgegebene mechanische Arbeit,

q_+ $\frac{\text{kcal}}{\text{kg}}$ die 1 kg idealer Luft im Prozeß zugeführte Wärme.

Ein Kreisprozeß, der sich vom eben genannten idealen SEILIGER-Prozeß nur darin unterscheidet, daß seine Arbeitshübe nicht mehr verlustlos, sondern mit Wärmeaustausch zwischen Arbeitsstoff und Zylinderwand vonstatten gehen, kann infolge des nun auftretenden Wandverlustes nur noch die mechanische Arbeit $l < l_{th}$ liefern. Mit dem Arbeitsbetrag des Wandverlustes $l_{W\bar{U}}$ ergibt sich

$$l = l_{th} - l_{W\bar{U}} \ \frac{\text{kpm}}{\text{kg}}. \tag{2}$$

Bezieht man die Arbeitsbeträge dieser Gleichung im Wärmemaßstab auf die Wärmezufuhr im Prozeß q_+, so folgt die Wirkungsgradbeziehung

$$\eta = \eta_{th} - \varphi_{W\bar{U}}, \tag{3}$$

$\eta = \frac{A\,l}{q_+}$ Wirkungsgrad des „wärmeverlustbehafteten" SEILIGER-Prozesses,

$\varphi_{W\bar{U}} = \frac{A\,l_{W\bar{U}}}{q_+}$ Wirkungsgradeinbuße durch den Wandverlust.

Die Wirkungsgradeinbuße $\varphi_{W\ddot{U}}$ stellt die Differenz der Wirkungsgrade des idealen SEILIGER-Prozesses η_{th} und des „wärmeverlustbehafteten" SEILIGER-Prozesses η dar:

$$\varphi_{W\ddot{U}} = \eta_{th} - \eta \, . \tag{4}$$

Zur Berechnung von $\varphi_{W\ddot{U}}$ führt folgende Überlegung:
Bei einem Kreisprozeß, der im Zylinder eines idealen Kolbenmotors vor sich geht, ist die äußere Expansionsgrenze gegeben durch das Gesamtzylindervolumen v_1 [m³/kg]. Zeichnet man den Kreisprozeß in einem T, s-Diagramm auf, dann kommen folglich alle Vorgänge des Prozesses oberhalb der Isochoren v_1 zur Darstellung (Abb. 2). Die Umwandlungsmöglichkeit jeder im Prozeß zu- oder abgeführten Wärmemenge in mechanische Arbeit, d. h. ihre „motorische Arbeitsfähigkeit", ist daher durch diese Isochore begrenzt. Im beliebigen Prozeßpunkt X kann danach von einer Elementarwärmemenge $dq = T_x\, ds$ im Motor nur der Anteil $A\, dl = (T_x - T_u)\, ds$ in mechanische Arbeit umgesetzt werden (Abb. 2). Dabei ist T_u die Temperatur des Arbeitsstoffes im Prozeßpunkt U, der beim Gesamtzylindervolumen v_1 auf der gleichen Adiabaten mit dem gerade betrachteten Prozeßpunkt X liegt. Für die motorische Arbeitsfähigkeit solcher Elementarwärmemengen läßt sich nun allgemein folgender Momentanwirkungsgrad definieren:

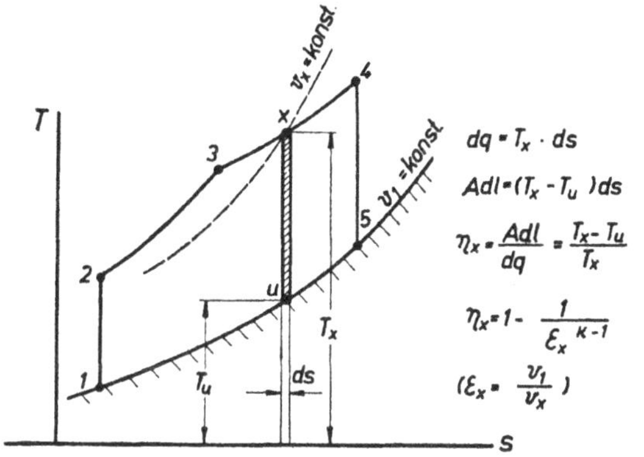

Abb. 2
Zur Arbeitsfähigkeit von Wärme im Motor

$$\eta_x = \frac{A\, dl}{dq} = \frac{T_x - T_u}{T_x} = 1 - \frac{T_u}{T_x} \, . \tag{5}$$

Da T_u und T_x an der gleichen Adiabaten liegen, kann auch geschrieben werden

$$\frac{T_u}{T_x} = \left(\frac{v_x}{v_1}\right)^{\varkappa-1} = \frac{1}{\varepsilon_x^{\varkappa-1}} \, .$$

Es bezeichnet darin $\varepsilon_x = v_1/v_x$ das Volumenverhältnis zwischen dem Gesamtzylindervolumen v_1 und demjenigen Volumen v_x, in dem der Arbeitsstoff im Augenblick der Elementarwärmebewegung dq gerade eingeschlossen ist ($\triangleq$ Kolbenstellung x_x, Kurbelwinkel α_x).

Damit ist nach Gl. (5)

$$\eta_x = 1 - \frac{1}{\varepsilon_x^{\varkappa-1}} \, . \tag{6}$$

Der Momentanwirkungsgrad η_x hat den gleichen Grundaufbau wie der Wirkungsgrad eines idealen OTTO-Prozesses. Man erkennt jedoch die Abhängigkeit von der jeweiligen Kolbenstellung bzw. vom Kurbelwinkel. Es ist z. B. im unteren Totpunkt (UT) $\varepsilon_x = 1$ und $\eta_x = 0$. Im oberen Totpunkt (OT) ist ε_x gleich dem Verdichtungsverhältnis $\varepsilon = v_1/v_2$ und damit $\eta_x = 1 - 1/\varepsilon^{\varkappa-1}$; d. i. der Wirkungsgrad eines idealen OTTO-Prozesses mit gleichem Verdichtungsverhältnis ε, also der Wirkungsgrad des bei vorgegebenem ε thermodynamisch optimalen Motorprozesses [1], S. 175.

Aus der Umstellung von Gl. (5) und (6) wird damit die bekannte Tatsache bestätigt, daß im motorischen Prozeß eine in der Nähe des OT zu- bzw. abgeführte Wärmemenge thermodynamisch den größten Arbeitsgewinn bzw. -verlust erbringt:

$$A\, dl = dq \cdot \eta_x = dq\left(1 - \frac{1}{\varepsilon_x^{\varkappa-1}}\right) . \tag{7}$$

Die für die Übertragung von mechanischer Arbeit zwischen Kolben und Arbeitsstoff in einem Kreisprozeß wirksame Wärmebewegung wird in ihrer Abhängigkeit vom Kurbelwinkel α durch das Heizgesetz $dq_{ox}/d\alpha = f(\alpha)$ beschrieben [3], [4]. Für den Gesamtprozeß ergibt sich damit nach Gl. (7) die geleistete Arbeit im Wärmemaßstab zu

$$A\,l = A \oint dl = \oint \frac{dq_{ox}}{d\alpha} \cdot \eta_x \cdot d\alpha\,. \tag{8}$$

Es wird hierin über den ganzen Kreisprozeß, d. h. in den Kurbelwinkelgrenzen von Kompressionsbeginn bis Expansionsende integriert (180° KW vor $OT \ldots \alpha \ldots$ 180° KW nach OT).

Zwischen den Energieumwandlungsgesetzen im Verbrennungsmotor besteht nach [3], [4] folgender Zusammenhang:

$$\frac{dq_{ox}}{d\alpha} = \frac{dq_{WE}}{d\alpha} + \frac{dq_{W\ddot{U}}}{d\alpha}\,. \tag{9}$$

Hiernach ist die wirksame Wärmebewegung (Heizgesetz $dq_{ox}/d\alpha$) gleich der Summe aus der bei der Kraftstoffverbrennung entwickelten Wärme (Brenngesetz $dq_{WE}/d\alpha$) und der mit der Zylinderwand ausgetauschten Wärme (Wandgesetz $dq_{W\ddot{U}}/d\alpha$). Die Beträge des Wandgesetzes $dq_{W\ddot{U}}/d\alpha$ sind negativ, wenn Wärme vom Arbeitsstoff an die Wand abgeführt wird. Aus Gl. (8) und (9) ergibt sich nun für den Gesamtprozeß

$$A\,l = \oint \frac{dq_{WE}}{d\alpha} \cdot \eta_x \cdot d\alpha + \oint \frac{dq_{W\ddot{U}}}{d\alpha} \cdot \eta_x \cdot d\alpha\,. \tag{10}$$

Hierin bedeuten gemäß Gl. (2) und (7)

$$A\,l_{th} = \oint \frac{dq_{WE}}{d\alpha} \cdot \eta_x \cdot d\alpha \tag{11}$$

und

$$-A\,l_{W\ddot{U}} = \oint \frac{dq_{W\ddot{U}}}{d\alpha} \cdot \eta_x \cdot d\alpha\,. \tag{12}$$

Die Hauptgleichung zur Berechnung der Wirkungsgradeinbuße durch den Wärmeverlust $\varphi_{W\ddot{U}}$ erhält man gemäß Definition bei Gl. (3), indem Gl. (12) durch die Wärmezufuhr im Prozeß q_+ dividiert wird:

$$\varphi_{W\ddot{U}} = \frac{A\,l_{W\ddot{U}}}{q_+} = -\frac{1}{q_+} \oint \frac{dq_{W\ddot{U}}}{d\alpha} \cdot \eta_x \cdot d\alpha\,. \tag{13}$$

Um eine Auswertung der Hauptgleichung zu ermöglichen, werden ihre Einzelglieder in den folgenden Abschnitten untersucht.

2.2 Zylinderinhalt und Wärmezufuhr

In Anlehnung an die Verhältnisse im wirklichen Dieselmotor richtet sich bei den vorliegenden Untersuchungen die Größe der Wärmezufuhr nach dem Kraftstoff- und Luftgehalt des Zylinderinhaltes. Es wird dabei festgelegt, daß die gedachte Wärmeentwicklung stets auf einer vollkommenen Verbrennung des Kraftstoffes beruhen möge und daß Verbrennungsvorgänge im Luftmangelgebiet nicht betrachtet werden. Damit gilt für die Untersuchungen grundsätzlich:

Umsetzungsgrad $\eta_u = 1{,}0$,
Luftverhältnis $\lambda \geqq 1{,}0$.

Bezüglich des mit idealer Luft festgelegten Zylinderinhaltes von Z [kg] wird die vereinfachende Annahme getroffen, daß bei UT der im Hubraum V_h befindliche Anteil des Zylinderinhaltes als sauerstofftragende Verbrennungsluft an der Verbrennung teilnehmen kann, während der dem Kompressionsraum V_c entsprechende Anteil den Abgasrest des vorangegangenen Arbeitsspieles vertritt [2], S. 31. Die gesonderte Berücksichtigung der Kraftstoffmasse wird hier analog zu den Methoden idealer Luftkreisprozesse unterlassen; sie erfolgt später lediglich einmal zur Berechnung der Größe der Wärmezufuhr.

Mit der Dichte des Arbeitsstoffes bei Kompressionsbeginn ϱ_1 ergibt sich dann

Masse der Verbrennungsluft	$G_L = V_h \cdot \varrho_1$	kg ,
Masse des Abgasrestes	$G_R = V_c \cdot \varrho_1$	kg .

Es werden nun folgende Beziehungen eingeführt:

$Z = G_L + G_R$	kg	Masse des Zylinderinhaltes,
$V_{zyl} = V_h + V_c$	m^3	Gesamtzylindervolumen,
$\varepsilon = \frac{V_h + V_c}{V_c} = 1 + \frac{V_h}{V_c} = \frac{v_1}{v_2}$		Verdichtungsverhältnis,
$\varrho_1 = \frac{P_1}{R_L T_1}$	$\frac{kg}{m^3}$,	
P_1	$\frac{kp}{m^2}$	Druck des Arbeitsstoffes bei Kompressionsbeginn,
T_1	°K	Temperatur des Arbeitsstoffes bei Kompressionsbeginn,
$R_L = 29{,}3$	$\frac{kpm}{kg\ °K}$	Gaskonstante der Luft.

Damit ergibt sich die Masse des Zylinderinhaltes

$$Z = V_{zyl} \cdot \varrho_1 = V_h \frac{\varepsilon}{\varepsilon - 1} \cdot \frac{P_1}{T_1} \cdot \frac{1}{R_L}.$$

Bei Benutzung der handlicheren Dimension für den Kompressions-Anfangsdruck p_1 [kp/cm²] sowie unter numerischem Einsatz der Gaskonstanten erscheint der Zylinderinhalt in der Form

$$Z = 341{,}4 \cdot V_h \frac{\varepsilon}{\varepsilon - 1} \cdot \frac{p_1}{T_1} \qquad \text{kg}. \tag{14}$$

Bei der vollkommenen Verbrennung von G_K [kg] Kraftstoff entsteht entsprechend seinem unteren Heizwert H_u [kcal/kgKst] die Wärmemenge Q_+ :

$$Q_+ = G_K \cdot H_u \qquad \text{kcal}.$$

In der weiteren Rechnung wird die auf den Zylinderinhalt bezogene Wärmezufuhr q_+ benutzt:

$$q_+ = \frac{Q_+}{Z} = \frac{G_K \cdot H_u}{Z} \qquad \frac{\text{kcal}}{\text{kg}}.$$

Aus der Definitionsgleichung für das Luftverhältnis λ berechnet sich hierzu G_K:

$$\lambda = \frac{G_L}{G_K \cdot G_{L\,min}},$$

$G_{L\,min}$ $\frac{kgL}{kgKst}$ Mindestluftbedarf des Kraftstoffes,

$$G_K = \frac{G_L}{\lambda \cdot G_{L\,min}}.$$

Damit wird

$$q_+ = \frac{G_L \cdot H_u}{Z \cdot \lambda \cdot G_{L\,\min}}.$$

In dieser Gleichung läßt sich der Gehalt an Verbrennungsluft im Zylinderinhalt gemäß obiger Definition einsetzen zu

$$\frac{G_L}{Z} = \frac{V_h}{V_{\text{zyl}}} = \frac{\varepsilon - 1}{\varepsilon}.$$

Damit ist

$$q_+ = \frac{H_u}{\lambda \cdot G_{L\,\min}} \cdot \frac{\varepsilon - 1}{\varepsilon}.$$

Den Untersuchungen wird ein flüssiger Motorkraftstoff zugrunde gelegt, für den folgende Daten gelten [3]:

$H_u = 10\,425$ kcal/kg,

$G_{L\,\min} = 14{,}77$ kgL/kgKst.

Nach Einsatz dieser Beträge berechnet sich die Wärmezufuhr im Prozeß zu

$$q_+ = \frac{705{,}5}{\lambda} \cdot \frac{\varepsilon - 1}{\varepsilon} \qquad \frac{\text{kcal}}{\text{kg}}. \tag{15}$$

2.3 Das Wandgesetz

Der im Integral der Hauptgleichung (Gl. (13)) erscheinende Ausdruck für das Wandgesetz $dq_{WU}/d\alpha$ stellt die auf den Zylinderinhalt Z bezogene Wärmemenge dar, die im Zylinder je Grad Kurbelwinkel zwischen Arbeitsstoff und Wand ausgetauscht wird:

$$\frac{dq_{WU}}{d\alpha} = \frac{dQ_{WU}}{d\alpha} \cdot \frac{1}{Z} \qquad \frac{\text{kcal}}{\text{kg °KW}}. \tag{16}$$

Die absoluten, also nicht auf den Zylinderinhalt bezogenen Wärmeaustauschbeträge $dQ_{WU}/d\alpha$ [kcal/°KW] können nach der NEWTONschen Wärmeübergangsgleichung berechnet werden, wenn eine Umrechnung von der Zeit z [s] zum Kurbelwinkel α vorgenommen wird. Es ist

$$\frac{dQ_{WU}}{d\alpha} = \frac{dQ_{WU}}{dz} \cdot \frac{dz}{d\alpha}. \tag{17}$$

Darin ist

$$\frac{dQ_{WU}}{dz} = \frac{\alpha_w}{3600} F_x (T_w - T_x) \qquad \frac{\text{kcal}}{\text{s}}, \tag{18}$$

α_w	$\frac{\text{kcal}}{\text{m}^2\,\text{h grd}}$	Wärmeübergangszahl zwischen Arbeitsstoff und Zylinderwand,
F_x	m^2	Wärmeaustauschfläche, d. h. jeweils gasberührte Wandfläche im Zylinder,
T_w	°K	hinsichtlich Ort und Zeit mittlere Zylinderwandtemperatur,
T_x	°K	örtlich mittlere Arbeitsstofftemperatur im Betrachtungszeitpunkt

und

$$\frac{dz}{d\alpha} = \frac{60}{360 \cdot n} = \frac{1}{6\,n} \qquad \frac{\text{s}}{\text{°KW}}, \tag{19}$$

n	U/min	Motordrehzahl.

Bei Zusammenfassung der Gleichungen (14) und (16) bis (19) erhält man für das Wandgesetz

$$\frac{dq_{W\ddot{U}}}{d\alpha} = \frac{\alpha_w \cdot F_x (T_w - T_x)}{341{,}4 \cdot V_h \cdot \left(\frac{\varepsilon}{\varepsilon - 1}\right) \cdot \frac{p_1}{T_1} \cdot 3600 \cdot 6\,n} . \tag{20}$$

Bei Umordnung der Gleichung und Zusammenfassung der Konstanten ergibt sich mit

$F_x = \varphi \cdot F_K$		
φ		Wandflächenverhältnis (s. 2.8, S. 21)
$F_K = \frac{B^2 \cdot \pi}{4}$	m^2	Zylinderquerschnitt,
B	m	Zylinderdurchmesser,
$c_m = \frac{H \cdot n}{30}$	m/s	mittlere Kolbengeschwindigkeit,
H	m	Kolbenhub,
$\tau_w = \frac{T_w}{T_1}$		Wandtemperaturverhältnis,

$$\frac{dq_{W\ddot{U}}}{d\alpha} = 4521 \cdot 10^{-12} \cdot \frac{T_1^2}{p_1} \cdot \frac{\varepsilon - 1}{\varepsilon} \cdot \frac{1}{c_m} \left[\alpha_w \cdot \varphi \left(\tau_w - \frac{T_x}{T_1}\right)\right] . \tag{21}$$

In Gl. (21) sind die Glieder der eckigen Klammer von der Kolbenstellung bzw. vom Kurbelwinkel α abhängig. Auf diese Glieder der Gleichung wird in den folgenden Abschnitten eingegangen.

2.4 Die Wärmeübergangszahl α_w

Es wurde bereits mehrfach versucht, möglichst treffende, allgemeingültige Gesetzmäßigkeiten für die Wärmeübergangszahl zwischen Gas und Zylinderwand in Verbrennungsmotoren aus theoretischen und experimentellen Untersuchungen abzuleiten. Um für die vorliegende Arbeit eine Formel für die Wärmeübergangszahl α_w auswählen zu können, die brauchbare Werte liefert, scheint es zunächst zweckmäßig, die Wärmeübergangszahlen nach verschiedenen bekanntgewordenen Ansätzen für gleiche Betriebsverhältnisse auszurechnen und gegenüberzustellen. Bei den diesbezüglichen Betrachtungen werden folgende Bedingungen zugrunde gelegt:

$$p_1 = 1{,}0 \text{ kp/cm}^2,$$
$$T_1 = 350\ {}^\circ\text{K},$$
$$c_m = 8 \frac{\text{m}}{\text{s}} \text{ (Abb. 3)},$$
$$\varepsilon_x = 14 \text{ (Abb. 4)}.$$

Die Wärmeübergangszahlen werden berechnet für Gaszustände einer adiabatischen Kompression, die im Punkt p_1, T_1 entspringt. Der Gaszustand p_x, T_x eines beliebigen Punktes auf dieser Adiabaten läßt sich mit dem Volumenverhältnis ε_x und dem Adiabatenexponenten für ideale Luft $\varkappa = 1{,}4$ ausdrücken zu

$$\frac{p_x}{p_1} = \left(\frac{v_1}{v_x}\right)^{\varkappa} = \varepsilon_x^{\varkappa},$$
$$\frac{T_x}{T_1} = \left(\frac{v_1}{v_x}\right)^{\varkappa - 1} = \varepsilon_x^{\varkappa - 1},$$
$$p_x = p_1 \cdot \varepsilon_x^{\varkappa},$$
$$T_x = T_1 \cdot \varepsilon_x^{\varkappa - 1} .$$

In diesem Sinne werden die im folgenden aufgeführten α_w-Formeln zur Ausrechnung umgestellt.

a) Formel von NUSSELT [5]:

$$\alpha_w = \frac{0{,}362\left[\left(\frac{T_x}{100}\right)^4 - \left(\frac{T_w}{100}\right)^4\right]}{T_x - T_w} + 0{,}99\sqrt[3]{p_x^2 \cdot T_x}\,(1 + 1{,}24\,c_m)\,.$$

Nach heutiger Meinung [6], [7] ist in dieser Gleichung die Wärmeabfuhr durch Strahlung überbewertet. In der vorliegenden Betrachtung wird daher das Strahlungsglied, d. h. der erste Summand der Formel, weggelassen und mit folgender, auf die Adiabate umgestellte Gleichung gerechnet:

$$\alpha_w = 0{,}99\sqrt[3]{p_1^2 \cdot T_1}\,(1 + 1{,}24\,c_m)\,\varepsilon_x^{\varkappa - \frac{1}{3}}\,. \tag{22}$$

Der die mittlere Kolbengeschwindigkeit enthaltende Klammerausdruck $(1 + 1{,}24\,c_m)$ soll den Einfluß der Turbulenz auf den Wärmeübergang zum Ausdruck bringen (s. Abschn. 2.5).

b) Formel von BRILLING und anderen [6]:

Auf die vereinfachte NUSSELTsche Formel geht die BRILLINGsche Formel für schnelllaufende Motoren zurück, bei der nur der Turbulenzeinfluß auf den Wärmeübergang in anderen Beträgen angesetzt ist:

$$\alpha_w = 0{,}99\sqrt[3]{p_x^2 \cdot T_x}\,(2{,}45 + 0{,}185\,c_m)\,.$$

Nach anderen sowjetischen Forschern [6] soll sich diese Formel an die jeweilige Konstruktionseigenart eines Motors anpassen lassen, indem man den ersten Summanden in der den Turbulenzeinfluß berücksichtigenden Klammer der Formel entsprechend wählt. Für die Adiabate umgestellt, erhält man damit die Formel in allgemeiner Schreibweise zu

$$\alpha_w = 0{,}99\sqrt[3]{p_1^2 \cdot T_1}\,(d + 0{,}185\,c_m)\,\varepsilon_x^{\varkappa - \frac{1}{3}}\,. \tag{22a}$$

WANSCHEIDT [6], S. 544, stellt folgende Werte für d zusammen:

Forscher	Motorart	d
N. R. BRILLING	schnellaufende Motoren	$\approx 2{,}45$
B. G. LIBROWITSCH	Vorkammermotoren	$\approx 3{,}5$
N. N. BRYSGOW	Luftspeichermotoren	$\approx 4{,}2$
N. W. INOSEMZEW	Flugzeugmotoren	$\approx 6{,}0$

c) Formel von JAKLITSCH [8]:

Unter Weiterführung der NUSSELTschen Arbeiten fand JAKLITSCH eine Formel, bei der für die vorliegende Betrachtung der Strahlungseinfluß wieder unberücksichtigt bleibt:

$$\alpha_w = \frac{10\,000 \cdot p_x}{R \cdot T_w}\,(1 + 1{,}24 \cdot c_m)\left(2{,}35 + \frac{4{,}9}{\varrho_x}\right).$$

Nach Umstellung auf die Bedingungen der Adiabaten mit Luft ergibt sich

$$\alpha_w = \frac{10\,000 \cdot p_1}{29{,}3\,T_w}\,(1 + 1{,}24 \cdot c_m)\left(2{,}35 + \frac{4{,}9 \cdot v_1}{\varepsilon_x}\right)\varepsilon_x^{\varkappa}$$

$$= \frac{341{,}4}{T_w}\,p_1\,(1 + 1{,}24\,c_m)\left(2{,}35 + \frac{143{,}5}{\varepsilon_x} \cdot \frac{T_1}{p_1} \cdot 10^{-4}\right)\varepsilon_x^{\varkappa}\,. \tag{23}$$

d) Formel von EICHELBERG [6]:

Von Versuchen an Schiffsmotoren leitete EICHELBERG eine einfache Formel ab, die den Einfluß von Wärmestrahlung und Konvektion berücksichtigen soll:

$$\alpha_w = 2{,}1\sqrt[3]{c_m}\,\sqrt[2]{p_x \cdot T_x}\,.$$

Für die Adiabate umgestellt ergibt sich

$$\alpha_w = 2{,}1 \sqrt[3]{c_m} \sqrt[2]{p_1 \cdot T_1}\, \varepsilon_x^{\varkappa - \frac{1}{2}} . \tag{24}$$

e) Formel von Elser [12]:

Elser fand unter Anwendung der Ähnlichkeitstheorie bei der Wärmeübertragung in experimentellen Untersuchungen an Dieselmotoren die Formel

$$\alpha_w = 6{,}5 \cdot \sqrt[2]{3600} \cdot \sqrt[2]{\frac{c_m \cdot \lambda_z \cdot c_p \cdot \varrho_x}{H}} \left(1 + 0{,}5 \frac{\Delta s}{c_p}\right),$$

λ_z	$\frac{\text{kcal}}{\text{m h grd}}$	Wärmeleitzahl des Arbeitsstoffes. Nach Elser ist die Wärmeleitzahl für Luft einzusetzen bei der jeweiligen Stofftemperatur $T_s = 0{,}5\,(T_x + T_w)$,
c_p	$\frac{\text{kcal}}{\text{kg grd}}$	spezifische Wärme des Arbeitsstoffes bei konstantem Druck,
Δs	$\frac{\text{kcal}}{\text{kg grd}}$	Entropieänderung des Arbeitsstoffes gegenüber dem Gaszustand bei Kompressionsbeginn.

Bei Umstellung der Gleichung auf die Adiabate mit idealer Luft ergibt sich mit

$$\varrho_x = \frac{1}{v_x} = \varepsilon_x \frac{P_1}{R_L\, T_1}$$

und

$$\Delta_s = 0$$

$$\alpha_w = 390 \sqrt[2]{\frac{\lambda_z \cdot c_p}{R_L}} \cdot \sqrt[2]{\frac{P_1}{T_1}} \cdot \sqrt[2]{\frac{c_m}{H}} \cdot \varepsilon_x^{\frac{1}{2}} . \tag{25}$$

Bei der vergleichenden Untersuchung der verschiedenen Ansätze für die Wärmeübergangszahl werden in diese Gleichung außer den oben vereinbarten Größen noch folgende Werte eingesetzt:

$$c_p = 0{,}24\ (= \text{const}) \quad \frac{\text{kcal}}{\text{kg grd}},$$

$$R_L = 29{,}3 \quad \frac{\text{kp m}}{\text{kg grd}},$$

$$H = 0{,}2 \text{ und } H = 0{,}6 \quad \text{m}.$$

Im Gegensatz zu der relativ geringen Änderung der spezifischen Wärme mit der Temperatur wächst bei Luft die Wärmeleitzahl mit der Temperatur recht bedeutend an. Ihre Temperaturabhängigkeit darf daher selbst im Falle des vorliegenden Vergleiches der α_w-Ansätze mit idealer Luft nicht vernachlässigt werden. Mit den sich auf der Vergleichsadiabaten ergebenden Gastemperatur T_x und mit einer für die Auswertung gewählten mittleren Wandtemperatur $T_w = 400$ °K stellen sich die Stoffwerttemperaturen T_s in einem Bereich von rd. 400...800 °K ein. Entnimmt man die Wärmeleitzahlen der Luft λ_z den einschlägigen Tabellen [18], [19], so stellt man fest, daß sich die Abhängigkeit der Wärmeleitzahl von der Stoffwerttemperatur im genannten Temperaturbereich mit einem maximalen Fehler von rd. 2% durch eine lineare Beziehung ausdrücken läßt:

$$\lambda_z = 0{,}005 + 0{,}0584 \cdot T_s \cdot 10^{-3} \quad \frac{\text{kcal}}{\text{m h grd}}.$$

Diese Näherung wird zur Auswertung der Elser-Formel benutzt. Für die Stoffwerttemperatur wird dabei gemäß obiger Definition die Beziehung eingesetzt

$$T_s = 0{,}5\,(T_1 \cdot \varepsilon_x^{\varkappa - 1} + T_w) \quad \text{°K}.$$

Die in Auswertung der vorgenannten Formeln entstandenen Kurven in Abb. 3 und 4 zeigen erhebliche Abweichungen voneinander hinsichtlich Betrag und Tendenz. Die höchsten Beträge von α_w liefert die NUSSELTsche Formel, die kleinsten Beträge diejenige von BRILLING. Die Ordinatenwerte dieser beiden Grenzkurven des Streufeldes verhalten sich zueinander etwa wie 3:1. Zwischen diesen Grenzkurven liegen die nach den anderen Forschern berechneten Ergebnisse. Gemeinsam ist allen Gesetzen bei der zugrunde gelegten Adiabaten die Zunahme der Wärmeübergangszahl mit der Dichte des Arbeitsstoffes bzw. mit dem Volumenverhältnis ε_x sowie die Zunahme mit der mittleren Kolbengeschwindigkeit c_m. Eine weitere ausgeprägte Tendenz läßt sich aus den Streufeldern nicht ablesen.

Die Unsicherheit bei der Bestimmung der Wärmeübergangszahl regt zu folgenden vereinfachenden Maßnahmen in der vorliegenden Arbeit an:

a) Es wird ein Ersatzgesetz für die Wärmeübergangszahl α_w benutzt, das bei entsprechender Variation den Streubereich der bisherigen Formeln erfüllen kann und sich andererseits leicht in das hier benutzte Berechnungssystem einordnen läßt.

b) Die sich im wärmeverlustbehafteten SEILIGER-Prozeß einstellenden Gaszustände werden angenähert durch die Gaszustände des idealen SEILIGER-Prozesses.

c) Es wird mit einer innerhalb des Prozeßablaufes zeitlich und örtlich konstanten mittleren Zylinderwandtemperatur T_w gerechnet.

2.5 Ersatzgesetz für α_w

Als Ersatzgesetz für die Wärmeübergangszahl wird folgender Ansatz gewählt:

$$\alpha_w = a \cdot c_m \cdot K \sqrt{p_1 \cdot T_1}\, \varepsilon_x\,, \tag{26}$$

a Variationsfaktor,

K Zustandsverhältnis (Gl. 27).

Hiernach ist die Wärmeübergangszahl abhängig vom mittleren Bewegungszustand des Arbeitsstoffes im Zylinder (c_m), vom Gaszustand des Arbeitsstoffes $\left(K \sqrt{p_1 \cdot T_1}\, \varepsilon_x\right)$ und vom Variationsfaktor a. Die mit dem Ersatzgesetz berechneten α_w-Kurven erscheinen als gerade Linien in den Abb. 3 und 4.

Zur Erläuterung von Ansatz und Gebrauch des Ersatzgesetzes mögen folgende Hinweise dienen:

Die Wärmeübertragung erfolgt im Zylinder eines Kolbenmotors vom Arbeitsstoff an die Wand durch Strahlung und Konvektion. Da der durch Strahlung übertragene Anteil des Wärmeverlustes gering ist (nach [6], S. 544 soll er weniger als 5% betragen), wird er bei der vorliegenden Untersuchung nicht gesondert berücksichtigt. Bei dem durch Konvektion an die Zylinderwand übertragenen Wärmeanteil spielt die Bewegung des Zylinderinhaltes eine besondere Rolle. Im Motorenbau wird diese Gasbewegung als „Turbulenz" bezeichnet. Sie entsteht während des Ladungswechsels, wo verbrauchter Arbeitsstoff den Zylinder verläßt und frische Verbrennungsluft in den Zylinder einströmt. Die der Luft beim Einströmen innewohnende kinetische Energie wird nach Untersuchungen von EICHELBERG [11] im Zylinder zu einem geringen Teil in Wärme umgesetzt. Ihr Hauptanteil bleibt indessen als Wirbel von fast gleichbleibender Geschwindigkeitsenergie im Arbeitsstoff während des ganzen Arbeitsprozesses erhalten. Da die Größe der Wärmeübergangszahl zwischen Gas und Wand bekanntlich in Beziehung zur Gasgeschwindigkeit steht, wirkt damit die Turbulenz des Zylinderinhaltes direkt auf α_w ein. Die Turbulenzgeschwindigkeit ist dabei zweifellos proportional zu der Geschwindigkeit, mit der die Verbrennungsluft durch den Einlaßquerschnitt in den Zylinder eintritt. Diese wiederum steht in ihrem Mittelwert in linearer Beziehung zur mittleren Kolbengeschwindigkeit. Man findet es hiernach erklärlich, daß der Turbulenz-

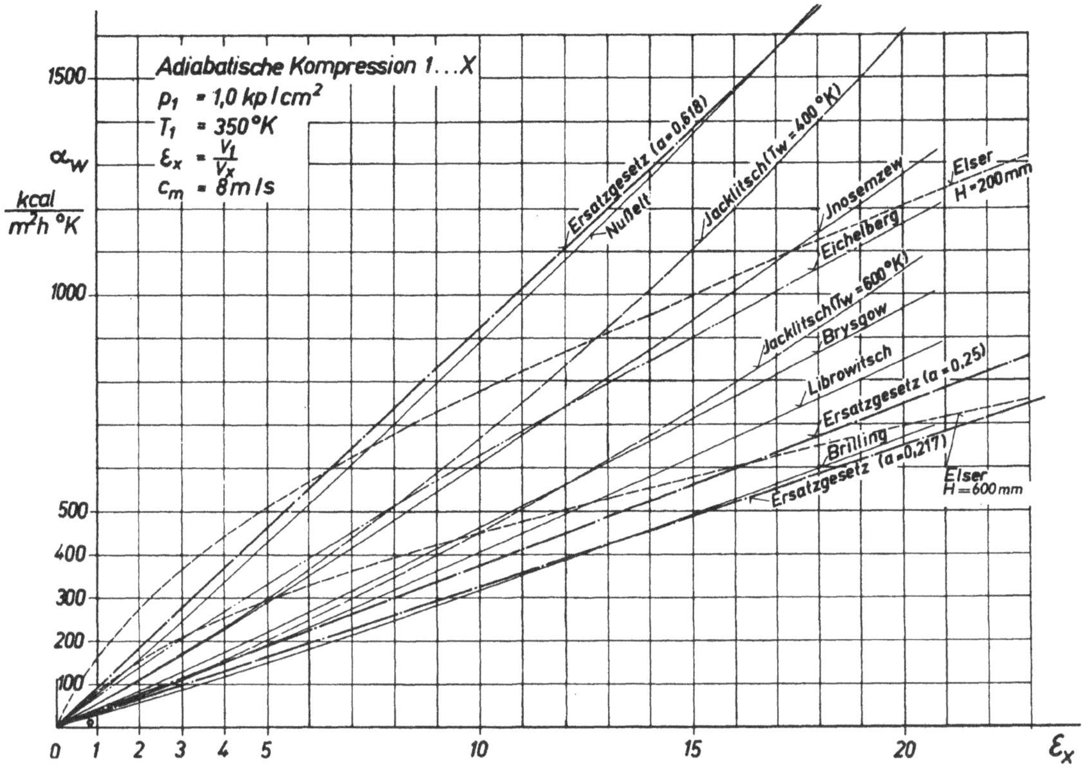

Abb. 3. Wärmeübergangszahlen $\alpha_w = f(\varepsilon_x)$

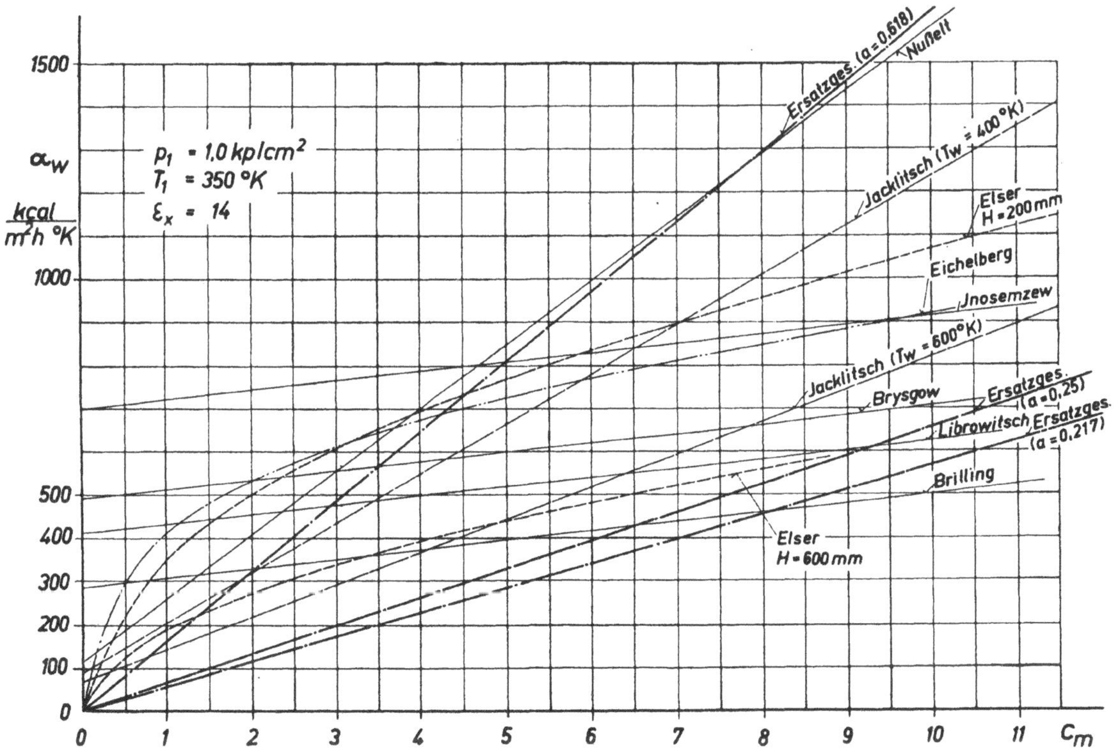

Abb. 4. Wärmeübergangszahlen $\alpha_w = f(c_m)$

einfluß auf die Wärmeübergangszahl in den oben genannten Formeln der verschiedenen Forscher und auch im Ersatzgesetz durch Funktionen der mittleren Kolbengeschwindigkeit c_m ausgedrückt ist. Beim Ersatzgesetz wurde eine einfache lineare Abhängigkeit der Wärmeübergangszahl zu c_m gewählt, die es gestattet, das Streufeld in Abb. 4 durch Variation von a ausreichend zu überdecken.

Die Ergebnisse aller Forscher stimmen darin überein, daß die Wärmeübergangszahl mit anwachsendem Druck und Temperatur im Arbeitsstoff ansteigt. Der diesbezügliche Einfluß des Gaszustandes wird im Ersatzgesetz durch die Gruppe $\left(K\sqrt{p_1 \cdot T_1}\,\varepsilon_x\right)$ vertreten.

Diese Gruppe hat für die Gaszustände auf der Kompressionsadiabaten 1 . . . 2 die Form $\left(\sqrt{p_1 \cdot T_1} \cdot \varepsilon_x\right)$, d. h., es ist dort $K = 1$. Für die Gaszustände von den Prozeßpunkten, die nicht auf der Kompressionsadiabaten liegen, muß demgegenüber mit $\sqrt{p_u \cdot T_u}$ statt mit $\sqrt{p_1 \cdot T_1}$ gerechnet werden. Darin sind p_u und T_u der Druck [kp/cm²] und die Temperatur [°K] des Punktes U, dessen Lage sich im Schnittpunkt der Isochoren des Gesamtzylindervolumens v_1 und der Adiabaten durch den jeweils betrachteten Punkt X befindet; Abb. 2 und 5. Zwischen den Punkten U und 1 besteht das Druck- bzw. Temperaturverhältnis, kurz „Zustandsverhältnis“ K:

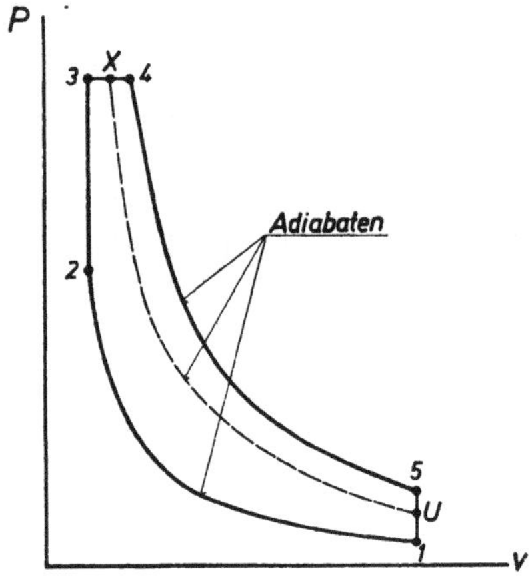

Abb. 5

SEILIGER-Prozeß mit Adiabate $U \cdots X$

$$K = \frac{p_u}{p_1} = \frac{T_u}{T_1}.$$

Damit wird

$$p_u \cdot T_u = p_1 \cdot T_1 \cdot K^2$$

und

$$\sqrt{p_u \cdot T_u} = \sqrt{p_1 \cdot T_1} \cdot K.$$

Die Größe des Zustandsverhältnisses K ergibt sich dabei aus der Lage des jeweils betrachteten Prozeßpunktes X nach folgender Beziehung (Abb. 5):

$$K = \frac{T_u}{T_1} = \frac{T_u}{T_x} \cdot \frac{T_x}{T_1}.$$

Darin sind

$$\frac{T_u}{T_x} = \left(\frac{v_x}{v_1}\right)^{\varkappa-1} = \frac{1}{\varepsilon_x^{\varkappa-1}}$$

und

$$\frac{T_x}{T_1} = \frac{P_x \cdot v_x}{P_1 \cdot v_1}.$$

Wird das Druckverhältnis zwischen dem Prozeßpunkt X und dem Kompressionsbeginn, Punkt 1, mit $\pi_x = P_x/P_1$ bezeichnet, so ergibt sich

$$\frac{T_x}{T_1} = \frac{\pi_x}{\varepsilon_x}$$

und damit schließlich

$$K = \frac{\pi_x}{\varepsilon_x^{\varkappa}}. \tag{27}$$

Für jeden Punkt X der Kompressionsadiabaten 1 . . . 2 ist damit, wie bereits erwähnt, $K = 1$ wegen

$$\frac{P_x}{P_1} = \left(\frac{v_1}{v_x}\right)^{\varkappa},$$

d. h.

$$\pi_x = \varepsilon_x^{\varkappa}.$$

Die isobare Wärmezufuhr 3 ... 4 im SEILIGER-Prozeß geht bei Höchstdruck $P_{\max}$ $(=P_3 = P_4)$ vor sich. Mit der Bezeichnung $\pi = P_{\max}/P_1$ für das Höchstdruckverhältnis ergibt sich für alle Prozeßpunkte zwischen 3 und 4

$$K_{34} = \frac{\pi}{\varepsilon_x^{\varkappa}}. \tag{28}$$

Bei der anschließenden Expansionsadiabaten gilt wieder ein konstanter K-Wert. Es ist dort

$$K = \frac{T_5}{T_1} = \frac{T_5}{T_4} \cdot \frac{T_4}{T_1}.$$

Darin

$$\frac{T_5}{T_4} = \left(\frac{v_4}{v_5}\right)^{\varkappa-1} = \left(\frac{v_4}{v_1}\right)^{\varkappa-1} = \frac{1}{\varepsilon_4^{\varkappa-1}}$$

und

$$\frac{T_4}{T_1} = \frac{P_4 \cdot v_4}{P_1 \cdot v_1} = \frac{\pi}{\varepsilon_4}.$$

Damit wird das Zustandsverhältnis K_4 für die adiabatische Expansion 4 ... 5

$$K_4 = \frac{\pi}{\varepsilon_4^{\varkappa}}. \tag{29}$$

Die hierbei einzusetzenden Größen π und ε_4 ergeben sich wie folgt:
Durch Wahl von λ und ε findet man mit Gl. (15) die Größe der Wärmezufuhr im Prozeß q_+. Im SEILIGER-Grenzfall des OTTO-Prozesses (Gleichraumprozeß) wird diese Wärmemenge isochor zwischen den Punkten 2 und 3 zugeführt; Abb. 6. Dort ist dann

$$q_+ = c_v (T_3 - T_2) = c_v \cdot T_1 \left(\frac{T_3}{T_1} - \frac{T_2}{T_1}\right),$$

$$\frac{T_3}{T_1} = \frac{P_3 \cdot v_3}{P_1 \cdot v_1} = \frac{\pi}{\varepsilon},$$

$$\frac{T_2}{T_1} = \left(\frac{v_1}{v_2}\right)^{\varkappa-1} = \varepsilon^{\varkappa-1},$$

$$q_+ = c_v \cdot T_1 \left(\frac{\pi}{\varepsilon} - \varepsilon^{\varkappa-1}\right).$$

Daraus ergibt sich für den OTTO-Prozeß

$$\pi = \varepsilon \left[\frac{q_+}{c_v \cdot T_1} + \varepsilon^{\varkappa-1}\right]. \tag{30}$$

Da außerdem infolge Fehlens eines isobaren Anteils der Wärmezufuhr im OTTO-Prozeß die Punkte 3 und 4 zusammenfallen, ist $\varepsilon_4 = \varepsilon$, und für die Expansion gilt $K = \pi/\varepsilon^{\varkappa}$.

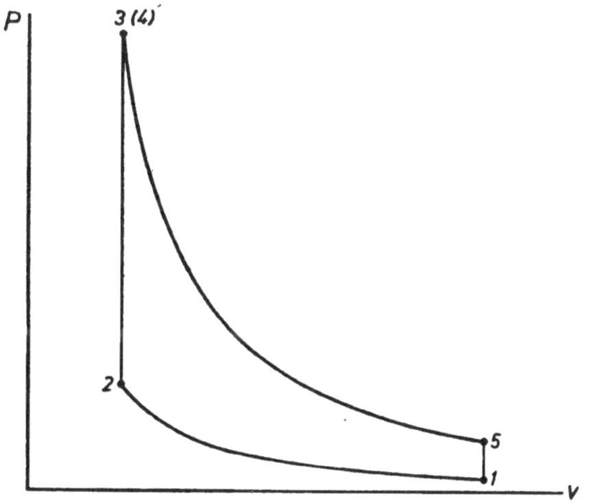

Abb. 6. OTTO-Prozeß

Im normalen SEILIGER-Prozeß wird von der Gesamtwärmezufuhr der Anteil $r_v = q_{23}/q_+$ isochor zwischen den Prozeßpunkten 2 und 3, der Anteil $r_p = q_{34}/q_+$ isobar zwischen 3 und 4 zugeführt. Es ist

$$r_v + r_p = \frac{q_{23} + q_{34}}{q_+} = 1.$$

Durch Wahl verschiedener Werte für das Höchstdruckverhältnis innerhalb der Grenzen, die durch das für den OTTO-Prozeß geltende Druckverhältnis nach Gl. (30) und das für den DIESEL-Prozeß geltende Druckverhältnis

$$\pi = \frac{P_2}{P_1} = \left(\frac{v_1}{v_2}\right)^{\varkappa} = \varepsilon^{\varkappa} \tag{31}$$

gegeben sind, bekommt man bei sonst gleichen Prozeßbedingungen verschiedene SEILIGER-Prozesse. Für diese ergibt sich das Ende der Wärmezufuhr im Punkt 4 bzw. das zur Berechnung von K_4 benötigte Volumenverhältnis ε_4 nach Gl. (34) aus folgender Ableitung:

$$q_{23} = c_v\,(T_3 - T_2) = c_v \cdot T_1\left(\frac{\pi}{\varepsilon} - \varepsilon^{\varkappa-1}\right) = r_v \cdot q_+ \,,$$

$$r_v = \frac{c_v \cdot T_1}{q_+}\left(\frac{\pi}{\varepsilon} - \varepsilon^{\varkappa-1}\right), \tag{32}$$

$$r_p = 1 - r_v\,, \tag{33}$$

$$q_{34} = c_p\,(T_4 - T_3) = c_v \cdot T_1 \cdot \varkappa\left(\frac{T_4}{T_1} - \frac{T_3}{T_1}\right).$$

Darin ist

$$\frac{T_4}{T_1} = \frac{P_4\ v_4}{P_1 \cdot v_1} = \frac{\pi}{\varepsilon_4}$$

und nach obigem

$$\frac{T_3}{T_1} = \frac{\pi}{\varepsilon}\,.$$

Damit wird

$$q_{34} = c_v \cdot T_1 \cdot \varkappa \cdot \pi\left(\frac{1}{\varepsilon_4} - \frac{1}{\varepsilon}\right) = r_p \cdot q_+$$

sowie daraus

$$\frac{1}{\varepsilon_4} = \left[r_p \cdot \frac{q_+}{c_v \cdot T_1} \cdot \frac{1}{\varkappa \cdot \pi}\right] + \frac{1}{\varepsilon}\,,$$

$$\varepsilon_4 = \frac{1}{\left[r_p \cdot \dfrac{q_+}{c_v \cdot T_1} \cdot \dfrac{1}{\varkappa \cdot \pi}\right] + \dfrac{1}{\varepsilon}}\,. \tag{34}$$

Als Kontrolle mögen die Verhältnisse am OTTO-Prozeß überprüft werden. Die Wärmezufuhr ist dort allein isochor, d. h., $r_p = 0$ und $r_v = 1$. Damit wird in Gl. (34) bestätigt: $\varepsilon_4 = \varepsilon$.

Beim zweiten SEILIGER-Grenzfall, dem DIESEL-Prozeß (Gleichdruckprozeß), findet die Wärmezufuhr nur isobar statt; es sind dort also $r_p = 1$ und $r_v = 0$. Außerdem ist der Verdichtungsenddruck gleich dem Höchstdruck im Prozeß. In Gl. (31) ergab sich daher

$$\pi = \varepsilon^{\varkappa}\,.$$

Diese Beziehung bestätigt sich natürlich auch in Gl. (32) mit $r_v = 0$. Für den DIESEL-Prozeß wandelt sich damit Gl. (34) ab zu

$$\varepsilon_4 = \frac{1}{\left(\dfrac{q_+}{c_v \cdot T_1} \cdot \dfrac{1}{\varkappa \cdot \varepsilon^{\varkappa}}\right) + \dfrac{1}{\varepsilon}}\,. \tag{35}$$

Der Variationsfaktor a dient zum Anpassen der mit dem Ersatzgesetz berechneten α_w-Werte an diejenigen, die von den oben genannten Forschern ermittelt wurden. Um das Streufeld (Abb. 3) überdecken zu können, muß a etwa innerhalb der Grenzwerte $a = 0{,}217$ und $a = 0{,}618$ gewählt werden.

2.6 Die Temperaturverhältnisse T_x/T_1 und τ_w

In Gl. (21) stehen als Differenz zueinander die auf die Kompressions-Anfangstemperatur T_1 bezogenen mittleren Gas- und Wandtemperaturen T_x/T_1 und $\tau_w = T_w/T_1$.

Für T_x/T_1 läßt sich setzen

$$\frac{T_x}{T_1} = \frac{T_x}{T_u} \cdot \frac{T_u}{T_1} = \frac{T_x}{T_u} \cdot K \,.$$

Nach der obigen Definition (Abb. 5) liegen die Zustandspunkte X und U auf der gleichen Adiabaten. Damit ist auch

$$\frac{T_x}{T_u} = \left(\frac{v_u}{v_x}\right)^{\varkappa-1} = \left(\frac{v_1}{v_x}\right)^{\varkappa-1} = \varepsilon_x^{\varkappa-1} \,.$$

Es wird dann

$$\frac{T_x}{T_1} = K \cdot \varepsilon_x^{\varkappa-1} \,. \tag{36}$$

Die mittlere Wandtemperatur T_w stellt den Temperaturmittelwert der im betrachteten Prozeßpunkt gasberührten Wandoberfläche F_x im Zylinder dar. Während die Wandfläche der Zylinderlaufbüchse in gewissen Perioden des Arbeitsspiels vom Kolben abgedeckt und damit der direkten Wärmebeaufschlagung seitens des Arbeitsstoffes entzogen ist, unterliegen Kolbenboden und Brennraumwand im Zylinderkopf ständigem Wärmeaustausch mit dem Arbeitsstoff. Da auch die Wirkung des Kühlmittels an den verschiedenen Partien des Zylinders unterschiedlich ist, stellen sich in den einzelnen Flächenelementen dF der gasberührten Wandfläche tatsächliche Oberflächentemperaturen T_{wx} mit örtlichen Unterschieden bis zu 300 grd ein. Im Laufe des Arbeitsspieles schwanken diese Temperaturen in jedem Punkt der Wandoberfläche außerdem um einen zeitlichen Mittelwert mit örtlich verschieden großen Amplituden von bis zu ± 15 grd [15]. Sie sind allerdings im Vergleich zu den Gastemperaturausschlägen im Prozeß, die im Durchschnitt zwischen rd. 300 °K und 2500 °K liegen, so klein, daß sie hier vernachlässigt werden.

Aber auch bei der Bildung der von der Kolbenstellung bzw. damit vom Kurbelwinkel abhängigen mittleren Wandtemperatur

$$T_w = \frac{1}{F_x} \int T_{wx} \cdot dF$$

wurde in besonderen Untersuchungen festgestellt [13], [17], daß sich bei normalem Betrieb T_w im Verlaufe eines Prozesses nur etwa um 100 ... 150 grd ändert. Dabei tritt der Größtwert von T_w beim OT auf, wo die Wandfläche nur von den relativ warmen Brennraumwänden gebildet wird. Je näher dagegen der Kolben zum UT steht, desto mehr ist die verhältnismäßig kühle Zylinderlaufbahn an der Wandfläche beteiligt und um so niedriger ist daher T_w.

Für das vorliegende Berechnungssystem mit seinen später darzulegenden Varianten ist ein allgemeingültiges Gesetz über die Temperaturverteilung in der Zylinderwand nicht bekannt. In grober Näherung wird daher von einer im ganzen Prozeß konstanten mittleren Wandtemperatur T_w ausgegangen. Unter Berücksichtigung der — wie später erläutert wird — für die Größe des Wandverlustes im Zylinder so bedeutsamen Prozeßperiode in der Nähe des OT gibt eine Näherung $T_w = \text{const}$ den Wandverlust im Durchschnitt bis zu 5% zu groß wieder.

2.7 Überprüfung der Annahmen

Um auf die Brauchbarkeit der Ergebnisse des vorliegend abgeleiteten Rechensystems schließen zu können, soll die Tragfähigkeit der getroffenen Vereinfachungen und Annahmen überprüft werden. Zu diesem Zweck wird der zeitliche Verlauf der Wärmestromdichte zur

Zylinderwand q_w [kcal/m²h] für einen SEILIGER-Prozeß mit dem Ersatzgesetz für α_w, mit konstanter mittlerer Wandtemperatur T_w und unter Verwendung der Gastemperaturen und -drücke des idealen verlustlosen Prozesses berechnet und mit den Ergebnissen neuerer Messungen und Berechnungen an Dieselmotoren verglichen; Abb. 7.

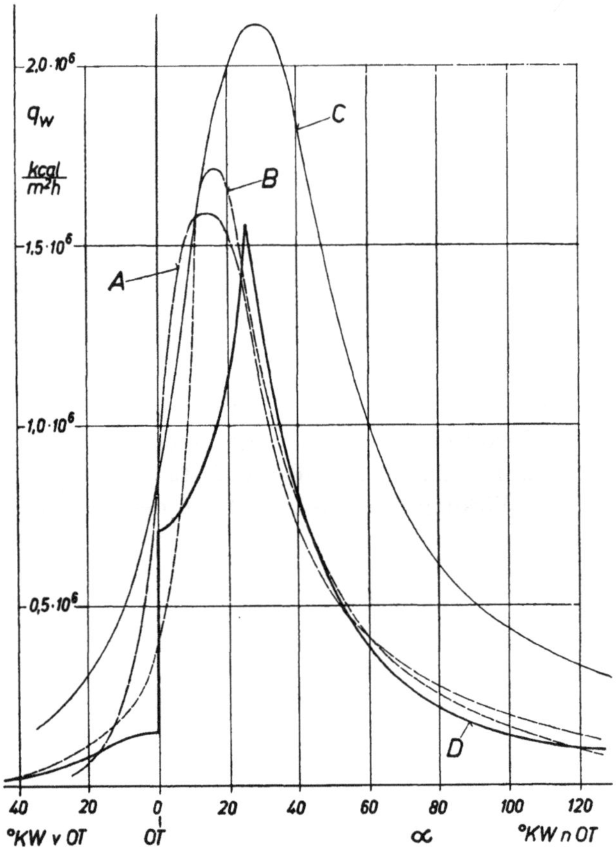

Abb. 7. Wärmestromdichte q_w gemessen und berechnet

Die Wärmestromdichte q_w gibt die in einer Stunde auf 1 m² Wärmeaustauschfläche übertragene Wärmemenge an. Es ist

$$q_w = \alpha_w (T_x - T_w) = \alpha_w \cdot T_1 \left(\frac{T_x}{T_1} - \frac{T_w}{T_1}\right) \quad \frac{\text{kcal}}{\text{m}^2\,\text{h}}.$$

Mit $T_w/T_1 = \tau_w$ und T_x/T_1 nach Gl. (36) ergibt sich unter Benutzung des Ersatzgesetzes der Wärmeübergangszahl [Gl. (26)] für die Wärmestromdichte

$$q_w = a \cdot c_m \cdot K^2 \cdot T_1 \sqrt{p_1 \cdot T_1} \cdot \varepsilon_x \cdot \left(\varepsilon_x^{\varkappa - 1} - \frac{\tau_w}{K}\right). \tag{37}$$

In grober Anlehnung an die den wiedergegebenen Ergebnissen anderer Forscher zugrundeliegenden Betriebsverhältnisse wurde diese Gleichung für einen SEILIGER-Prozeß mit folgenden Bedingungen ausgewertet:

$$\begin{aligned}
c_m &= 5 \quad &&\text{m/s}\,,\\
T_1 &= 350 &&{}^\circ\text{K}\,,\\
p_1 &= 1{,}0 &&\text{kp/cm}^2\,,\\
T_w &= 400 &&{}^\circ\text{K}\,,\\
\varepsilon &= 12\,, &&\\
\lambda &= 1{,}6\,, &&\\
\pi &= 60\,. &&
\end{aligned}$$

Die Anpassung der dabei entstandenen Kurve D in Abb. 7 an die aus der Literatur übernommenen Kurven A, B und C hinsichtlich der Größenordnung erfolgte mit dem Variationsfaktor a. Dem in Abb. 7 gezeigten Kurvenverlauf D liegt ein Variationsfaktor $a = 0{,}25$ zugrunde.

Die Kurven A und C zeigen Meßergebnisse, die ELSER [12] bei Vollast an einem Zweitakt-Dieselmotor (A) und an einem Viertakt-Dieselmotor (C) aufgenommen hat. Kurve B wurde unter Benutzung von Meßwerten durch relativ genaue Berechnung von IBRAHIM ermittelt [13]; es handelt sich dabei offenbar um die Rechnung für den gleichen Motor, an dem später die Kurve A von ELSER gemessen wurde. In Größenordnung und Tendenz ähnliche Verläufe der Wärmestromdichte wurden auch von HUG [15] und F. A. F. SCHMIDT [14], bei letzterem an einem Ottomotor gemessen, angegeben.

Die mit den einfachen Mitteln des hier abgeleiteten Berechnungssystems gefundene Kurve D liefert im Vergleich zu den experimentell oder unter großem Rechenaufwand ermittelten Kurven anderer Forscher ein zufriedenstellendes Ergebnis. Im Grundsätzlichen weicht sie weder in der Größenordnung noch in der Tendenz übermäßig von den anderen Kurven ab. Die Hauptunterschiede scheinen in den verschiedenartigen Brenngesetzen, in Motordaten, Betriebsverhältnissen sowie auch in Meßverfahren begründet zu sein. Indessen erscheint die Ähnlichkeit zwischen den Ergebnissen des vorliegenden Rechnungssystems und den gemessenen Kurven als ausreichend, um bei der in der Arbeit gesuchten Übersicht über den Einfluß der Wärmeverluste auf den Wirkungsgrad von Dieselmotoren mit den vorgenommenen Vereinfachungen sinnvolle Ergebnisse erwarten zu können. Bei der späteren Auswertung wird der Variationsfaktor in der Größe $a = 0{,}25$ beibehalten. Er liegt im unteren Bereich der Streufelder von Abb. 3 und 4 und kompensiert offenbar die an sich zu große Darstellung der Wärmestromdichte bzw. des Wandverlustes, die sich mit der Benutzung der Gaszustände des idealen Prozesses (Annahme b in 2.4, S. 14) und mit $T_w = \text{const}$ (Annahme c in 2.4) ergibt.

2.8 Wandflächenverhältnis φ

Als Wandflächenverhältnis φ wurde oben das Verhältnis der beim betrachteten Prozeßpunkt vom Arbeitsstoff berührten Wandfläche (Wärmeaustauschfläche) F_x zum Zylinderquerschnitt F_K definiert:

$$\varphi = \frac{F_x}{F_K}.$$

Die gasberührte Wandfläche F_x setzt sich zusammen aus (Abb. 8):

a) Brennraumoberfläche F_{BR}; das ist die Wandfläche, die bei der oberen Kolbentotlage vom Arbeitsstoff berührt wird.

b) Zylinderoberfläche $F_Z = B \cdot \pi \cdot x$,

B Zylinderdurchmesser,

x Kolbenweg, der für den jeweils betrachteten Prozeßpunkt gilt, von OT aus gemessen.

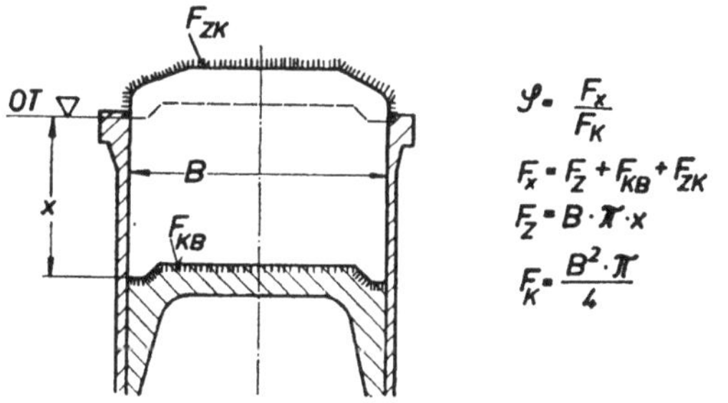

Abb. 8. Wandflächenverhältnis φ

Die Brennraumoberfläche wird gebildet von der Kolbenbodenfläche F_{KB} und der Restfläche F_{ZK}:

$$F_{BR} = F_{KB} + F_{ZK}.$$

Damit ist

$$F_x = F_Z + F_{BR} = F_Z + F_{KB} + F_{ZK}$$

und

$$\varphi = \frac{F_x}{F_K} = \frac{B \cdot \pi \cdot x \cdot 4}{B^2 \cdot \pi} + \varphi_{KB} + \varphi_{ZK}\,.$$

Hierin bedeuten

$$\varphi_{KB} = \frac{F_{KB}}{F_K}\,; \qquad \varphi_{ZK} = \frac{F_{ZK}}{F_K}\,.$$

Führt man das Hubverhältnis des Zylinders $\beta = H/B$ ein, so wird

$$\frac{B \cdot \pi \cdot x \cdot 4}{B^2 \cdot \pi} = \frac{x \cdot 4}{B} \cdot \frac{H}{H} = 4 \cdot \beta \frac{x}{H}$$

und

$$\varphi = 4 \cdot \beta \frac{x}{H} + \varphi_{KB} + \varphi_{ZK}\,. \tag{38}$$

Darin ist x/H der relative Kolbenweg, für dessen Abhängigkeit zum Kurbelwinkel α bei ungeschränktem Kurbeltrieb mit ausreichender Genauigkeit die Näherungsgleichung gilt:

$$\frac{x}{H} = \frac{1}{2}\left[(1 - \cos \alpha) + \frac{1}{4\,\delta}(1 - \cos 2\,\alpha)\right], \tag{39}$$

α °KW Kurbelwinkel gezählt von OT aus,

$\delta = \frac{l}{r}$ Schubstangenverhältnis,

$r = \frac{H}{2}$ Kurbelradius,

l Pleuellänge (Lagermittenabstand).

Da die Auswertung der Hauptgleichung später überwiegend mit Zylinderscheiben-Brennräumen nach Abb. 9 erfolgt, sei für diese Zylinderform die Berechnungsgleichung für φ hier abgeleitet.

Der Kolbenboden ist eben. Damit sind $F_K = F_{KB}$ und $\varphi_{KB} = 1$. Weiter wird

$$\varphi_{ZK} = \frac{B \cdot \pi \cdot h_g + F_K}{F_K} = \frac{4 \cdot h_g}{B} + 1 = 4 \cdot \beta \frac{h_g}{H} + 1\,.$$

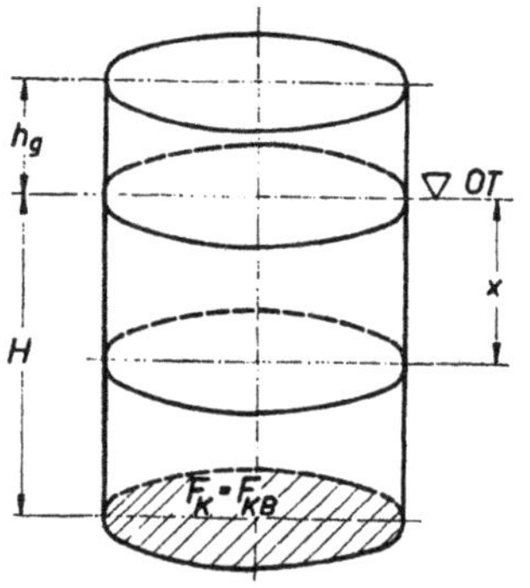

Abb. 9
Zylinderscheibenbrennraum

Aus der Definitionsgleichung für das Verdichtungsverhältnis ergeben sich dazu

$$\varepsilon = \frac{V_h}{V_c} + 1 = \frac{H}{h_g} + 1$$

und

$$\frac{h_g}{H} = \frac{1}{\varepsilon - 1}\,.$$

Damit ist

$$\varphi_{ZK} = \frac{4 \cdot \beta}{\varepsilon - 1} + 1\,.$$

Nach Gl. (38) ergibt sich nun das Wandflächenverhältnis für Zylinder mit Zylinderscheibenbrennraum zu

$$\varphi = 4 \cdot \beta \frac{x}{H} + \frac{4 \cdot \beta}{\varepsilon - 1} + 2\,. \tag{40}$$

2.9 Volumenverhältnis ε_x

In der Hauptgleichung tritt neben dem Kurbelwinkel α das Volumenverhältnis ε_x auf. Zwischen beiden Größen besteht folgender Zusammenhang:

Das Zylindervolumen V_x in einem beliebigen Prozeßpunkt setzt sich zusammen aus dem Kompressionsvolumen V_c und dem vom Kolben gegenüber der OT-Stellung freigelegten Raum $(F_K \cdot x)$:

$$V_x = V_c + F_K \cdot x\,.$$

Durch geeignete Erweiterung ergibt sich dafür auch

$$V_x = \frac{V_c}{V_h} \cdot V_h + V_h \frac{x}{H}\,,$$

$$V_x = V_h\left(\frac{V_c}{V_h} + \frac{x}{H}\right).$$

Weiter ist

$$\frac{V_x}{V_{\text{zyl}}} = \frac{V_h}{V_{\text{zyl}}}\left(\frac{V_c}{V_h} + \frac{x}{H}\right) = \frac{1}{\varepsilon_x}\,.$$

Aus der Definitionsgleichung für das Verdichtungsverhältnis erhält man hierfür

$$\frac{V_h}{V_{\text{zyl}}} = \frac{\varepsilon - 1}{\varepsilon}$$

und

$$\frac{V_c}{V_h} = \frac{1}{\varepsilon - 1}\,.$$

Damit sind

$$\frac{1}{\varepsilon_x} = \frac{\varepsilon - 1}{\varepsilon}\left(\frac{1}{\varepsilon - 1} + \frac{x}{H}\right)$$

und

$$\varepsilon_x = \frac{\varepsilon}{(\varepsilon - 1)\left(\frac{1}{\varepsilon - 1} + \frac{x}{H}\right)}\,. \tag{41}$$

Das Volumenverhältnis ε_x berechnet sich hiernach für alle durch Wahl des Kurbelwinkels α festgelegten Prozeßpunkte, indem das für den Prozeß zugrunde gelegte Verdichtungsverhältnis ε und der zum jeweiligen α gehörige relative Kolbenweg x/H nach Gl. (39) eingesetzt werden.

Das Ende der Wärmezufuhr im SEILIGER-Prozeß liegt im Prozeßpunkt 4, dessen Volumenverhältnis ε_4 sich mit Gl. (34), beim Dieselprozeß mit Gl. (35), errechnet. Der zugehörige relative Kolbenweg vom OT aus ergibt sich nach Umstellung von Gl. (41) zu

$$\frac{x_4}{H} = \frac{\varepsilon}{\varepsilon - 1}\left(\frac{1}{\varepsilon_4} - \frac{1}{\varepsilon}\right). \tag{42}$$

2.10 Auswertungsfragen

Setzt man die in Frage kommenden Beziehungen aus den vorhergehenden Abschnitten in die Hauptgleichung [Gl. (13)] ein, so ergibt sich

$$\varphi_{WU} = \frac{6{,}41}{10^{12}} \cdot \lambda \cdot T_1^2 \sqrt{\frac{T_1}{p_1}}\, a \cdot \oint K \cdot \varphi \cdot \varepsilon_x \left(1 - \frac{1}{\varepsilon_x^{\varkappa - 1}}\right)(K \cdot \varepsilon_x^{\varkappa - 1} - \tau_w)\, d\alpha\,. \tag{43}$$

Wegen der drei besonderen Formen, in denen das Zustandsverhältnis K beim Ablauf eines SEILIGER-Prozesses in Kompression, Wärmezufuhr und Expansion auftritt, erscheint es zur Auswertung der Gl. (43) zweckmäßig, das Integral des Gesamtprozesses zu ersetzen durch die Summe aus den drei entsprechenden Bereichsintegralen.

Damit wird in allgemeiner Schreibweise

$$\varphi_{W\ddot{U}} = C\left[\int\limits_{\alpha_1 = 180^\circ\,\mathrm{vOT}}^{\alpha_2 = 0^\circ} J_{12}\,d\alpha + \int\limits_{\alpha_2 = 0^\circ}^{\alpha_4} J_{24}\,d\alpha + \int\limits_{\alpha_4}^{\alpha_5 = 180^\circ\,\mathrm{nOT}} J_{45}\,d\alpha\right]. \tag{44}$$

Hierin bedeuten

$$C = \frac{6{,}41}{10^{12}} \cdot a \cdot \lambda \cdot T_1^2 \sqrt{\frac{T_1}{p_1}}\,, \tag{45}$$

$$J_{12} = \varphi \cdot \varepsilon_x \left(1 - \frac{1}{\varepsilon_x^{\varkappa-1}}\right)\left(\varepsilon_x^{\varkappa-1} - \tau_w\right), \tag{46}$$

$$J_{24} = \pi^2 \frac{\varphi}{\varepsilon_x^{\varkappa-1}} \left(1 - \frac{1}{\varepsilon_x^{\varkappa-1}}\right)\left(\frac{1}{\varepsilon_x} - \frac{\tau_w}{\pi}\right), \tag{47}$$

$$J_{45} = K_4^2 \cdot \varphi \cdot \varepsilon_x \left(1 - \frac{1}{\varepsilon_x^{\varkappa-1}}\right)\left(\varepsilon_x^{\varkappa-1} - \frac{\tau_w}{K_4}\right). \tag{48}$$

Darin ist nach Gl. (29) $K_4 = \frac{\pi}{\varepsilon_4^{\varkappa}}$.

Beim OTTO-Prozeß vereinfacht sich die Auswertung, weil die gesamte Expansion adiabatisch erfolgt. Statt der beiden Bereichsintegrale von $\alpha_2 \ldots \alpha_4$ und von $\alpha_4 \ldots \alpha_5$ in Gl. (44) erscheint dort neben dem Kompressionsintegral ($\alpha_1 \ldots \alpha_2$) nur ein Expansionsintegral. Es ist beim OTTO-Prozeß

$$\varphi_{W\ddot{U}\,(\mathrm{Otto})} = C\left[\int\limits_{\alpha_1}^{\alpha_2} J_{12}\,d\alpha + \int\limits_{\alpha_2}^{\alpha_5} J_{25}\,d\alpha\right]. \tag{44a}$$

Darin ist J_{25} im Aufbau gleich dem Ausdruck J_{45} von Gl. (48). Statt K_4 ist dabei jedoch einzusetzen

$$K = \frac{q_+}{c_v \cdot T_1} \cdot \frac{1}{\varepsilon^{\varkappa-1}} + 1\,.$$

Diese Beziehung ergibt sich aus den obigen Erörterungen zu Gl. (30).

Mit Gl. (44) läßt sich nun die Wirkungsgradeinbuße durch den Wärmeverlust $\varphi_{W\ddot{U}}$ ermitteln. Aus dem Aufbau dieser Gleichung und ihrer Glieder geht hervor, daß $\varphi_{W\ddot{U}}$ abhängig ist von folgenden Einflußgrößen:

1. Prozeßtyp bzw. Art der Wärmezufuhr,
2. Größe der Wärmezufuhr,
3. Verdichtungsverhältnis,
4. Temperaturniveau des Prozesses,
5. Druckniveau des Prozesses,
6. Temperaturniveau des Motors,
7. Zylinderform,
8. Triebwerksgeometrie,
9. Brennraumform.

Die Wirkungsgradeinbuße durch den Wärmeverlust $\varphi_{W\ddot{U}}$ ist beim vorliegenden System jedoch unabhängig von der mittleren Kolbengeschwindigkeit c_m. Das geht auf den gewählten Ansatz für den Turbulenzeinfluß im Ersatzgesetz der Wärmeübergangszahl α_w nach Gl. (26) zurück. Die mit wachsender mittlerer Kolbengeschwindigkeit lineare Zunahme der Wärmeübergangszahl gleicht sich dabei nämlich hinsichtlich der je Grad Kurbelwinkel vom Gas zur Wand übergehenden Wärme gerade aus mit der Zeit, die je Grad Kurbelwinkel für den Wärmeübergang verfügbar ist und die bei wachsender mittlerer Kolbengeschwindigkeit abnimmt [Faktor $1/c_m$ in Gl. (21)].

Bei der Auswertung der Hauptgleichung werden zweckmäßig alle Einflußgrößen bis auf eine konstant gehalten. Zur Veranschaulichung der Ergebnisse kann dann $\varphi_{W\ddot{U}}$ über der betreffenden variablen Einflußgröße aufgetragen werden.

Neben solchen Darstellungen, aus denen sich die Tendenz in der Abhängigkeit der Wirkungsgradeinbuße von der entsprechenden Einflußgröße ablesen läßt, ist der Vergleich zwischen den Wirkungsgraden des reinen und des wärmeverlustbehafteten SEILIGER-Prozesses meist interessanter, so daß dementsprechende Schaubilder aufgezeichnet wurden. Der Wirkungsgrad des wärmeverlustbehafteten SEILIGER-Prozesses η berechnet sich dazu nach Gl. (3) aus

$$\eta = \eta_{th} - \varphi_{W\bar{U}} \, .$$

Zur Lösung dieser Gleichung muß der thermische Wirkungsgrad des idealen SEILIGER-Prozesses η_{th} berechnet werden. Nach JANTE [2], S. 21, kann das mit folgenden Beziehungen geschehen:

$$\eta_{th} = \frac{y - x}{y} = 1 - \frac{x}{y} \, . \tag{49}$$

Hierin ist für den SEILIGER-Prozeß allgemein

$$y = \frac{q_+}{c_v \cdot T_1} = \varkappa \cdot \tau - \varepsilon^{\varkappa - 1} - (\varkappa - 1)\frac{\pi}{\varepsilon} \, , \tag{50}$$

$$x = \frac{\tau^{\varkappa}}{\pi^{\varkappa - 1}} - 1 \, . \tag{51}$$

Die Größe τ bezeichnet das Höchsttemperaturverhältnis des Prozesses:

$$\tau = \frac{T_{\max}}{T_{\min}} = \frac{T_4}{T_1} = \frac{\pi}{\varepsilon_4} \, . \tag{52}$$

Zur Berechnung von η_{th} ergibt sich unter Benutzung der Gleichungen (15) und (50)

$$y = \frac{4117}{T_1} \cdot \frac{\varepsilon - 1}{\varepsilon} \cdot \frac{1}{\lambda} \, . \tag{53}$$

Mit den Gleichungen (51), (52) und (29) wird außerdem

$$x = \frac{\pi^{\varkappa}}{\varepsilon_4^{\varkappa} \cdot \pi^{\varkappa - 1}} - 1 = \frac{\pi}{\varepsilon_4^{\varkappa}} - 1 = K_4 - 1 \, . \tag{54}$$

Beim OTTO-Prozeß gilt wegen des Zusammenfallens der SEILIGER-Prozeßpunkte 3 und 4 (Abb. 6) die Beziehung

$$\pi = \varepsilon \cdot \tau \, .$$

Damit ergibt sich dort die bekannte, einfache Wirkungsgradgleichung

$$\eta_{th} = 1 - \frac{1}{\varepsilon^{\varkappa - 1}} \, . \tag{55}$$

Bei der Darstellung der Ergebnisse wird auch eine Größe $\varrho_{W\bar{U}}$ benutzt. Es handelt sich dabei um den Vollkommenheitsgrad (Gütegrad) des wärmeverlustbehafteten Prozesses. Er gibt an, wieviel Prozent der im verlustlosen Kreisprozeß theoretisch möglichen Arbeitsausbeute noch vom jeweils zugehörigen wärmeverlustbehafteten Prozeß abgegeben werden. Die Definition ist damit

$$\varrho_{W\bar{U}} = \frac{\eta}{\eta_{th}} = \frac{l}{l_{th}} \, . \tag{56}$$

Bei der Beurteilung der Güte der motorischen Energieumwandlung durch Angaben von Wirkungsgraden, Vollkommenheitsgraden oder anderen Kenngrößen ist zur Charakterisierung der untersuchten Betriebszustände der jeweilige Drehzahl- und Belastungszustand des Motors mitzuteilen. Da beim vorliegenden System wegen der Art des benutzten Ansatzes für die Wärmeübergangszahl ein Drehzahleinfluß auf die Wirkungsgradeinbuße nicht in Erscheinung tritt, ist nur ein Maßstab für die Motorbelastung festzulegen. Wegen seiner guten Vergleichbarkeit bei sämtlichen Motoren wird hierfür der mittlere Arbeitsdruck (Mitteldruck) p_m gewählt, der ein Maß für die aus der Hubvolumeneinheit während eines Prozeßablaufes gewinnbare mechanische Arbeit darstellt. Zu seiner Bestimmung führt folgende Ableitung:

$$P_m = \frac{l}{V_h} \cdot Z \qquad \frac{\text{kpm} \cdot \text{kg}}{\text{kg} \cdot \text{m}^3} = \frac{\text{kp}}{\text{m}^2}. \tag{57}$$

Aus der Definition des Wirkungsgrades η [Erläuterung zu Gl. (3)] ergibt sich hierzu

$$l = \frac{\eta \cdot q_+}{A} \qquad \frac{\text{kpm}}{\text{kg}}.$$

Von der Ableitung des Zylinderinhaltes Z in Abschn. 2.2 ist weiter bekannt

$$\frac{V_h}{Z} = \frac{\varepsilon - 1}{\varepsilon} \cdot \frac{T_1 \cdot R_L}{P_1}.$$

Damit wird

$$P_m = \frac{\eta \cdot q_+ \cdot P_1 \cdot \varepsilon}{A \cdot R_L \cdot T_1 (\varepsilon - 1)}.$$

Nach Einsetzen der Größen q_+ nach Gl. (15), $A = 1:427$ und $R_L = 29{,}3$ sowie unter Benutzung der handlicheren Druckdimension [kp/cm²] ergibt sich

$$p_m = 102{,}80 \frac{p_1}{T_1 \cdot \lambda} \cdot \eta_{\%} \qquad \frac{\text{kp}}{\text{cm}^2}. \tag{58}$$

In dieser Gleichung ist der Wirkungsgrad in Prozenten einzusetzen.

3. Die Ergebnisse

Die Diskussion der Ergebnisse von der Auswertung der Hauptgleichung wird für die verschiedenen Einflußfaktoren auf die Wärmeverluste getrennt vorgenommen. Dabei werden zunächst die unterschiedlichen Betriebsbedingungen, anschließend die konstruktiven Veränderungen am Dieselmotor behandelt. Die Auswertung der Hauptgleichung erstreckt sich bei der Beurteilung der einzelnen Einflußgrößen in der Regel nur über den Bereich, der für Dieselmotoren mit kompakten Brennräumen interessant ist.

Abgesehen von den Untersuchungen bei nach Art und Größe veränderter Wärmezufuhr, bei denen SEILIGER-Prozesse Verwendung finden, wird bei den späteren Auswertungen von einem gemeinsamen GRUND-OTTO-Prozeß ausgegangen. An sich ist der OTTO-Prozeß wegen seiner hohen Druckspitzen für den praktischen Motorbetrieb von begrenzter Bedeutung. Er wird hier trotzdem mehrfach als Basis gewählt, weil bei ihm Aufbau und Vergleichbarkeit eindeutig sind und weil bei Berücksichtigung der Wärmeverluste sein Wirkungsgrad in der gleichen Größenordnung mit den Wirkungsgraden von SEILIGER-Prozessen liegt, deren Höchstdrücke mit den in Dieselmotoren ohne Aufladung üblichen übereinstimmen; Abb. 10a.

Dem GRUND-Prozeß werden folgende, für die durchschnittlichen Vollastverhältnisse in mittleren Dieselmotoren typische Daten zugrunde gelegt:

Luftverhältnis	λ	$= 1{,}6$
Verdichtungsverhältnis	ε	$= 16$
Kompressionsanfangstemperatur	T_1	$= 350\ °K$
Kompressionsanfangsdruck	p_1	$= 1{,}0$ kp/cm²
mittlere Wandtemperatur	T_w	$= 400\ °K$
Hubverhältnis	β	$= 1{,}2$
Schubstangenverhältnis	δ	$= 4$
Zylinderscheibenbrennraum		
Variationsfaktor für α_w	a	$= 0{,}25.$

Durch Veränderung jeweils eines dieser Parameter und Konstanthaltung der anderen wird sein Einfluß auf den Wirkungsgrad gesondert ermittelt. Von einer Berücksichtigung verschiedener Variationsfaktoren der Wärmeübergangszahl a wird dabei allerdings abgesehen, da a und $\varphi_{W\bar{U}}$ direkt proportional zueinander sind.

In all den Fällen, wo der Mitteldruck nicht allein linear mit dem Wirkungsgrad zusammenhängt — nach Gl. (58) also bei der Untersuchung verschiedener p_1-, T_1- und λ-Werte —, wird die Darstellung der Ergebnisse im Kreisprozeßbewertungsschaubild nach JANTE [2] vorgenommen, d.h., es werden η und η_{th} über dem Mitteldruck p_m aufgetragen. Bei der Untersuchung der anderen Einflußgrößen sind Wirkungsgrad und Mitteldruck nur linear voneinander abhängig; sie wurden daher maßstabverschieden miteinander auf der Ordinate über der jeweiligen Einflußgröße als Abszisse angelegt.

3.1 Einfluß der Art der Wärmezufuhr

Es wurden verschiedene SEILIGER-Prozesse einschließlich der Grenzfälle des OTTO- und des DIESEL-Prozesses untersucht. All diesen Prozessen sind die in Abschnitt 3 niedergelegten Prozeßdaten eigen. Der Unterschied besteht allein im Höchstdruck. In Abb. 10 wurden daher die Ergebnisse über dem Druckverhältnis $\pi = P_{\max}/P_1$ aufgetragen.

Es ist aus Betrachtungen an idealen, also verlustlosen Luftkreisprozessen bekannt [2], daß unter den Bedingungen konstanten Verdichtungsverhältnisses und gleichgroßer Wärmezufuhr der Wirkungsgrad beim Übergang vom DIESEL-Prozeß über SEILIGER- zum OTTO-Prozeß ansteigt. Der Mitteldruck wächst in gleichem Sinne, denn er ist bei konstantem T_1, p_1 und λ direkt proportional zum Wirkungsgrad [Gl. (58)]. Unter den gewählten Bedingungen des Beispiels steigt dementsprechend η_{th} von rd. 58,5% beim DIESEL-Prozeß auf rd. 67% beim OTTO-Prozeß an (Abb. 10a).

Unter Berücksichtigung der Wärmeverluste verschiebt sich dieses Bild indessen beachtlich. Abgesehen davon, daß natürlich nun die Wirkungsgradkurve $\eta = f(\pi)$ infolge des Auftretens des Wandverlustes ($\varphi_{W\bar{U}}$) entsprechend weit unter der η_{th}-Kurve liegen muß, wird die Tendenz in der Abhängigkeit $\eta = f(\pi)$ deutlich verändert. Beim wärmeverlustbehafteten SEILIGER-Prozeß liegt das Wirkungsgradmaximum nicht mehr bei der Gleichraumwärmezufuhr, sondern bei gemischter Wärmezufuhr mit Höchstdrücken von rd. 80...100 kp/cm² unter den gewählten Prozeßbedingungen. Bei größeren Höchstdrücken, also weiterer Annäherung an die Gleichraumwärmezufuhr, fällt der Wirkungsgrad wieder ab. Der OTTO-Prozeß des Beispiels besitzt damit nur noch den gleichen Wirkungsgrad von rd. 55% wie ein SEILIGER-Prozeß mit rd. 70 kp/cm² Höchstdruck. Das Wirkungsgradmaximum liegt etwa bei 56,5%; der Wirkungsgrad des wärmeverlustbehafteten DIESEL-Prozesses ist demgegenüber mit rd. 52,5% nur 4 Wirkungsgradprozente niedriger.

Die Ursache ist der Abb. 11 zu entnehmen. Dort sind die Verläufe der sich je Grad Kurbelwinkel einstellenden Wirkungsgradeinbußen (Momentanwandverluste) $d\varphi_{W\bar{U}}/d\alpha$ über dem Kurbelwinkel im Bereich des OT für die untersuchten SEILIGER-Prozesse eingezeichnet. Das Integral über jeweils einer der Kurven, für den ganzen Prozeß gebildet, ergibt seine Wirkungsgradeinbuße $\varphi_{W\bar{U}}$. Man erkennt, daß der Wandverlust der Kompression, d.i. die Fläche unter der Kompressionslinie links vom OT, entsprechend den gleichen Ausgangsbedingungen für alle hier untersuchten SEILIGER-Prozesse gleich und außerdem relativ klein ist. Die Wandverluste der Wärmezufuhr und Expansion sind demgegenüber wesentlich größer. Ihr Betrag richtet sich vor allem nach den Vorgängen im Zylinder kurz nach dem OT, also bis etwa 40...50 °KW n. OT. Hier treffen sowohl die hohen Temperaturen und Drücke im Arbeitsstoff als auch die großen Momentanwirkungsgrade η_x zusammen, um gemeinsam große Momentanwandverluste $d\varphi_{W\bar{U}}/d\alpha$ zu veranlassen. Natürlich müssen sich dadurch für den OTTO-

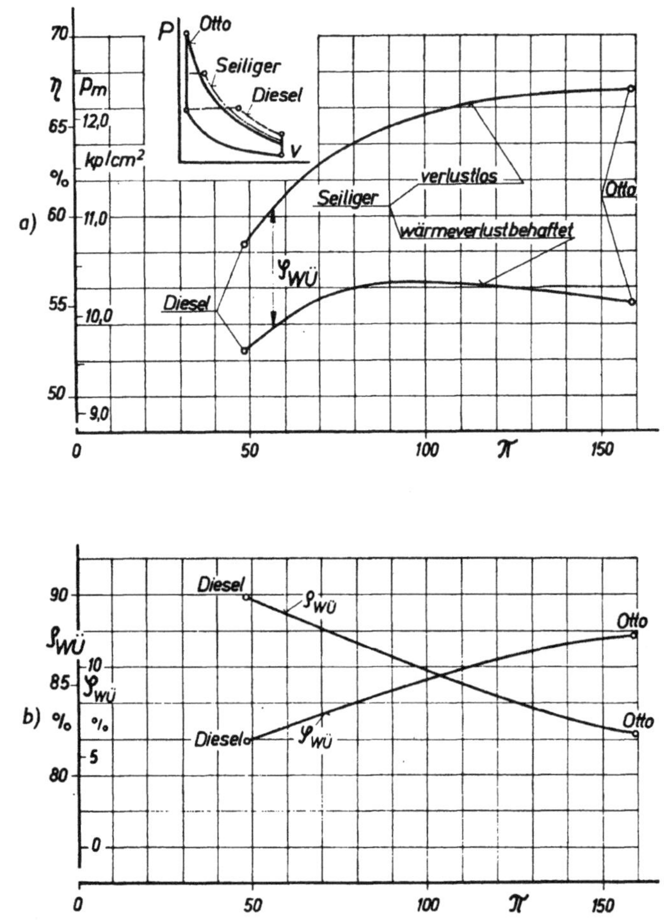

Abb. 10. Wandverlust als Funktion von der Art der Wärmezufuhr

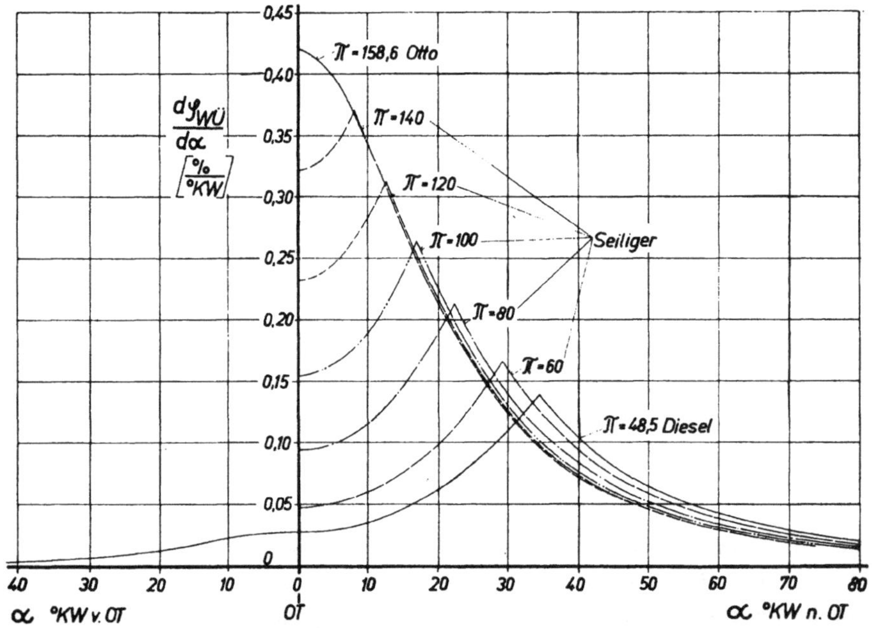

Abb. 11. Momentanwandverluste im SEILIGER-Prozeß

Prozeß entsprechend der Art seiner Wärmezufuhr die ungünstigsten Verhältnisse ergeben.

In Abb. 10b wurden die vom Wärmeverlust verursachten Wirkungsgradeinbußen $\varphi_{W\ddot{U}}$ über dem Höchstdruckverhältnis π aufgetragen. Ihr Verlauf bestätigt diese Erklärungen, denn $\varphi_{W\ddot{U}}$ wächst von rd. 6% beim DIESEL- bis auf fast das Doppelte beim OTTO-Prozeß an. Der ebenfalls in Abb. 10b aufgetragene Vollkommenheitsgrad des wärmeverlustbehafteten SEILIGER-Prozesses $\varphi_{W\ddot{U}}$ fällt erwartungsgemäß mit Annäherung an den OTTO-Prozeß ab. Während die Wärmeverluste beim DIESEL-Prozeß dazu führen, daß etwa 90% der im verlustlosen DIESEL-Prozeß möglichen Arbeitsabgabe vom verlustbehafteten Prozeß erzeugt werden, sind es beim OTTO-Prozeß nur rd. 82%.

3.2 *Einfluß der Größe der Wärmezufuhr*

Die Änderung der Wärmezufuhr im Prozeß wurde in Anlehnung an die Teillastregelung bei Dieselmotoren als Qualitätsregelung (Q_d-SEILIGER-Regelung in [2]) untersucht. Dabei wurde von einem Vollast-SEILIGER-Prozeß mit Höchstdruckverhältnis $\pi = 60$ und Verdichtungsverhältnis $\varepsilon = 16$ ausgegangen. Abweichend von den praktischen Möglichkeiten im Dieselmotor war dabei die größte Wärmezufuhr im Vollastprozeß mit einem Luftverhältnis von $\lambda = 1{,}0$ festgelegt worden.

Die Verringerung der Wärmezufuhr, d.h. der Übergang zu λ-Werten $> 1{,}0$, führt im SEILIGER-Prozeß zur Verkürzung des isobaren Anteils der Wärmezufuhr; z.B. von 3...4 bei Vollast auf 3...X bei Teillast in Abb. 5. Aus der Abb. 5 entnimmt man ferner, daß die vom Linienzug des Prozesses eingeschlossene Fläche, die der von ihm abgegebenen Arbeit proportional ist, mit Zunahme von λ kleiner wird, was ja dem Sinn einer Teillastregelung entspricht. Unter den genannten Prozeßbedingungen wird bei einer Vergrößerung des Luftverhältnisses bis auf $\lambda = 15{,}32$ die Prozeßform erreicht, bei der die isobare Wärmezufuhr verschwindet und der SEILIGER- in den OTTO-Prozeß mit $\pi = 60$ und $\varepsilon = 16$ übergeht. Eine weitergehende Verfolgung der Teillastregelung interessiert nicht, da die Luftverhältnisse ausgeführter Dieselmotoren im Leerlauf durchschnittlich ohnehin schon bei $\lambda = 6...10$ liegen.

Bei der Qualitätsregelung des verlustlosen SEILIGER-Prozesses steigt der Wirkungsgrad mit Verringerung der Wärmezufuhr bekanntlich an [2]. In Abb. 12 zeigt die Kurve η_{th} über p_m einen entsprechenden Verlauf.

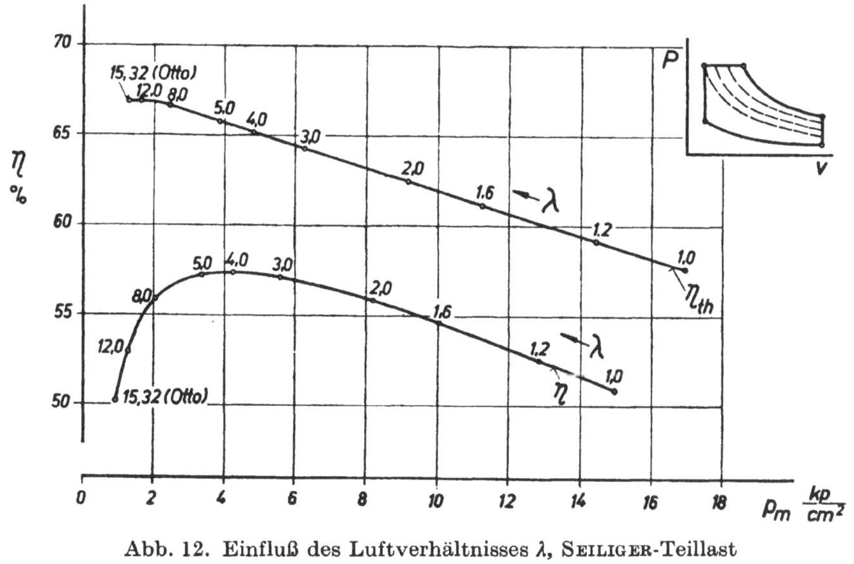

Abb. 12. Einfluß des Luftverhältnisses λ, SEILIGER-Teillast

Auch hier muß wieder ein stark abweichender Kurvenverlauf beim wärmeverlustbehafteten Prozeß festgestellt werden. Geht man vom Vollastprozeß ins Teillastgebiet hinein, so steigt der Wirkungsgrad zunächst ebenfalls an. Nach Überschreiten eines Maximums fällt er jedoch im Bereich kleiner Mitteldrücke stark ab. Diese Tendenz kommt den Verhältnissen im wirklichen Dieselmotor nahe, wie besonders Abb. 16 zeigt. Mit der in [1] angegebenen Gleichung für die spezifischen Kraftstoffverbrauchskenngrößen b [g/PS h]

$$b = \frac{632\,000}{H_u \cdot \eta} \tag{59}$$

wurde aus dem Wirkungsgradverlauf in Abb. 12 der spezifische Kraftstoffverbrauch des wärmeverlustbehafteten Seiliger-Prozesses umgerechnet und in Abb. 16 abhängig vom Mitteldruck aufgetragen. Die Kurvenform erinnert durchaus an die an wirklichen Dieselmotoren im Versuch aufgenommenen Kurven des indizierten spezifischen Kraftstoffverbrauches b_i über dem indizierten Mitteldruck p_i mit dem charakteristischen Verbrauchsminimum im mittleren Lastbereich.

Neben der Seiliger-Teillastkurve wurde in Abb. 16 eine Otto-Teillastkurve aufgezeichnet. Bei der diesbezüglichen Untersuchung war von einem Otto-Vollastprozeß mit ebenfalls $\varepsilon = 16$ und $\lambda = 1{,}0$ ausgegangen worden. Bei Verringerung der Wärmezufuhr, also Übergang

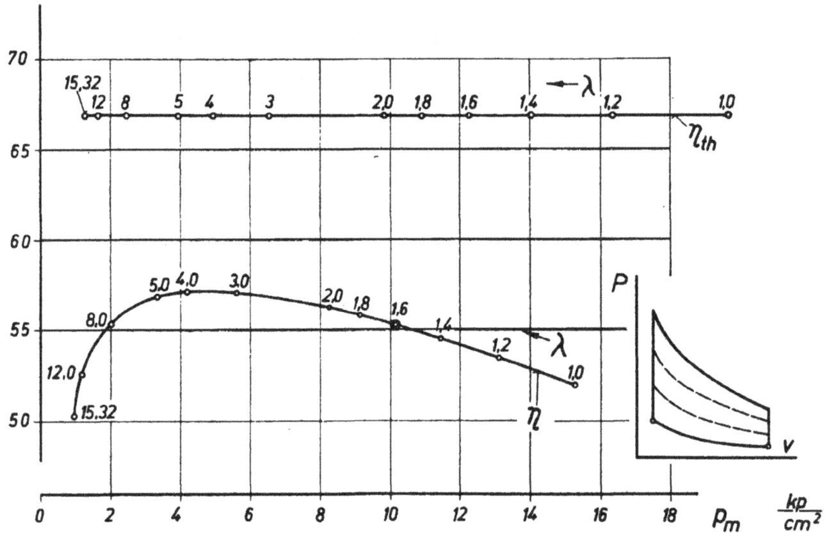

Abb. 13. Einfluß des Luftverhältnisses λ, Otto-Teillast

zu größeren λ-Werten, ändert sich der Otto-Prozeß nur in der Verkürzung der isochoren Wärmezufuhr 2...3 und der damit verbundenen Erniedrigung von Prozeß-Höchsttemperatur, -druck und Arbeitsabgabe. Der Wirkungsgrad η_{th} des verlustlosen Otto-Prozesses bleibt dabei natürlich wegen des konstanten Verdichtungsverhältnisses unabhängig vom Belastungszustand.

In Abb. 13 sind die Ergebnisse der Otto-Teillast aufgezeichnet. Auch hier wurden, wie in Abb. 12, die Wirkungsgrade über dem Mitteldruck als Abszisse aufgetragen. Der wärmeverlustbehaftete Otto-Teillastprozeß zeigt eine ähnliche Wirkungsgradabhängigkeit von der Belastung wie der vorher besprochene Seiliger-Teillastprozeß. Zum besseren Vergleich der Ergebnisse beider Teillastverfahren wurde Abb. 14 gezeichnet. Im unteren Teil sind die Wirkungsgradverläufe der wärmeverlustbehafteten Teillastprozesse überlagert. Es zeigt sich, daß die Kurven nur relativ schwach voneinander abweichen. Im oberen Lastbereich ist die Otto-Teillast etwas besser als die Seiliger-Teillast, im unteren Lastbereich ist es umgekehrt.

Das Ergebnis ist interessant, da die nahezu gleichgroßen Wirkungsgrade der verlustbehafteten Teillastprozesse nach den η_{th}-Kurven in Abb. 12 und 13 mit ihren von den verschiedenartigen Brenngesetzen herstammenden beträchtlichen Unterschieden zueinander zunächst nicht erwartet wurden.

Die Erklärung liegt in folgendem: Die Wirkungsgrade der verlustlosen OTTO-Teillastprozesse η_{th} sind natürlich größer als die der verlustlosen SEILIGER-Teillastprozesse. Gleichzeitig aber sind unter den gleichen Bedingungen ε und λ die Wandverluste im OTTO-Prozeß größer

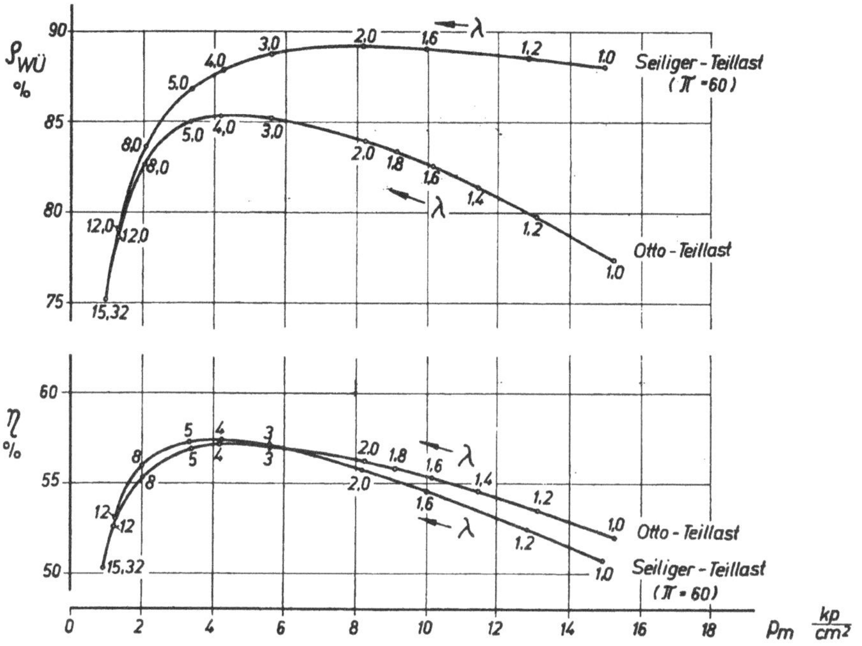

Abb. 14. Einfluß der Wärmeverluste bei Teillast

als im SEILIGER-Prozeß, wie in Abschn. 3.1 beschrieben wurde. Dadurch tritt ein gewisser Ausgleich der Wirkungsgrade in den verlustbehafteten Prozessen zutage.

Das Gesagte wird besonders deutlich bei der Darstellung der Vollkommenheitsgrad $\varrho_{W\ddot{U}}$ im oberen Teil der Abb. 14. Man entnimmt, daß durch den Einfluß der Wärmeverluste die vom verlustbehafteten OTTO-Prozeß abgegebene Arbeit nur rd. 75...85% der im theoretischen OTTO-Prozeß möglichen Arbeitsausbeute beträgt. Beim verlustbehafteten SEILIGER-Prozeß ist der Vollkommenheitsgrad wesentlich günstiger. Er liegt im Hauptteil des Belastungsbereiches bei $\varrho_{W\ddot{U}} > 87\%$.

Die Maximumbildung beider Kurven, die auch den typischen Verlauf der Verbrauchs-Belastungs-Charakteristika (Abb. 16) hervorruft, geht auf ein mehr oder weniger ausgeprägtes Minimum in der Wirkungsgradeinbuße $\varphi_{W\ddot{U}}$ bei Abhängigkeit vom Luftverhältnis λ zurück (Abb. 15 unten). Diese Tendenz läßt sich wie folgt deuten. Nach früherer Festlegung [s. Erläuterung zu Gl. (3)] ist die Wirkungsgradeinbuße durch den Wärmeverlust als das Verhältnis von Wandverlust im Wärmemaßstab $A\, l_{W\ddot{U}}$ zu Wärmezufuhr q_+ definiert:

$$\varphi_{W\ddot{U}} = \frac{A\, l_{W\ddot{U}}}{q_+}.$$

Sowohl beim SEILIGER- als auch beim OTTO-Prozeß fallen beim Übergang von Vollast nach Teillast mit den kleinerwerdenden Beträgen der zugeführten Wärme auch die Prozeßhöchsttemperaturen und damit die Wandverluste ab. Damit nehmen sowohl Zähler wie Nenner in der $\varphi_{W\ddot{U}}$-Beziehung bei geringer werdender Motorbelastung ab. Jedoch ist diese Abnahme

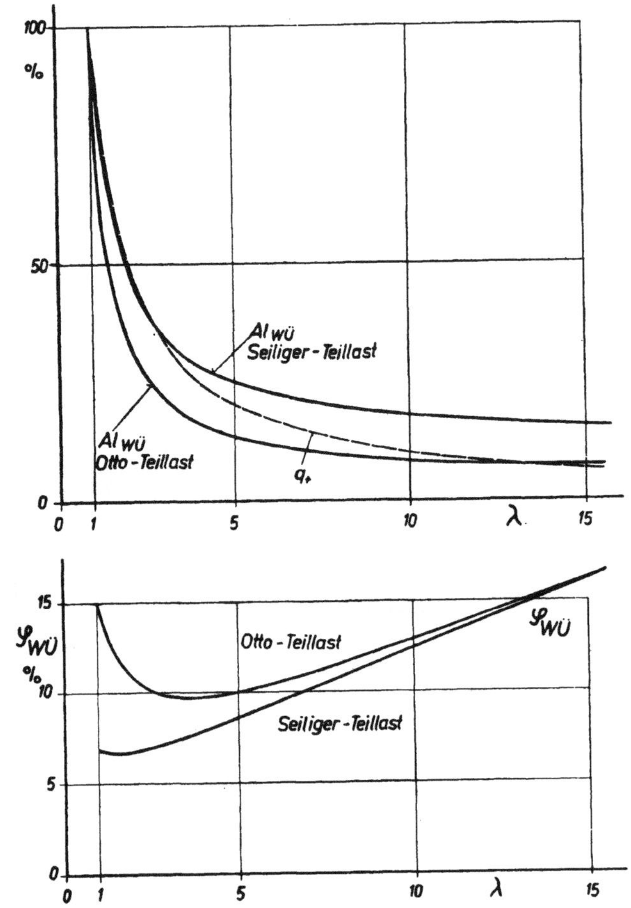

Abb. 15. Wandverluste und Wärmezufuhr im Teillastgebiet

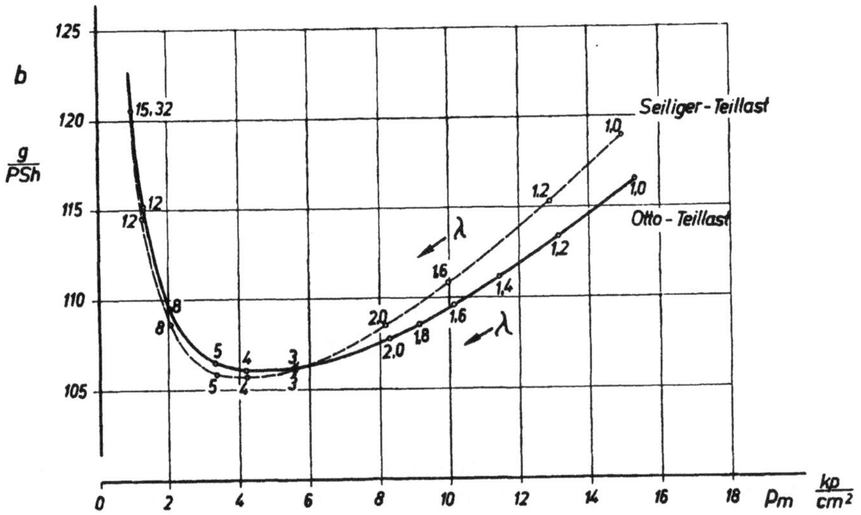

Abb. 16. Spez. Kraftstoffverbrauch im Teillastgebiet

unterschiedlich. Geht man nämlich vom Vollastprozeß aus und erhöht das Luftverhältnis λ, dann stellt man fest, daß der Grad der Verminderung der Wärmezufuhr q_+ zunächst geringer ist als derjenige der Wandverluste. Diese Tendenz kehrt sich aber um, sobald ein bestimmtes Luftverhältnis überschritten ist. In Abb. 15 oben sind zur Erläuterung dieser Verhältnisse der absolute Wandverlust $A\, l_{W\ddot{U}}$ beider Teillastverfahren und die Wärmezufuhr q_+ — alle auf gleiche Größe im Vollastpunkt umgerechnet — über dem Luftverhältnis aufgetragen. Aus der Steigung der Kurven geht das Gesagte hervor.

3.3 *Einfluß des Verdichtungsverhältnisses*

An sich ist das Verdichtungsverhältnis eines Motorzylinders eine konstruktive Größe. Sein Einfluß auf den Wandverlust soll aber bereits hier bei der Besprechung der Betriebsverhältnisse kurz behandelt werden, da diese vom Verdichtungsverhältnis besonders beeinflußt werden. Bei dieser und den folgenden Untersuchungen wird immer vom Grund-Otto-Prozeß ausgegangen, dessen Daten in Abschn. 3 angegeben wurden.

Bei sonst gleichbleibenden Bedingungen ist mit der Vergrößerung des Verdichtungsverhältnisses ε bei jedem verlustlosen Seiliger-Prozeß ein Anstieg des Wirkungsgrades η_{th} verbunden [2]. Das ist dem Umstand zu verdanken, daß beim größeren Verdichtungsverhältnis die Temperaturen des Arbeitsstoffes, bei denen die Wärmezufuhr stattfindet, höher liegen, wodurch die Entropiegrenzen des Prozesses enger zueinander rücken. Das wiederum hat eine Verringerung der „grundsätzlichen“ motorischen Verluste [1] bzw. die Vergrößerung der aus

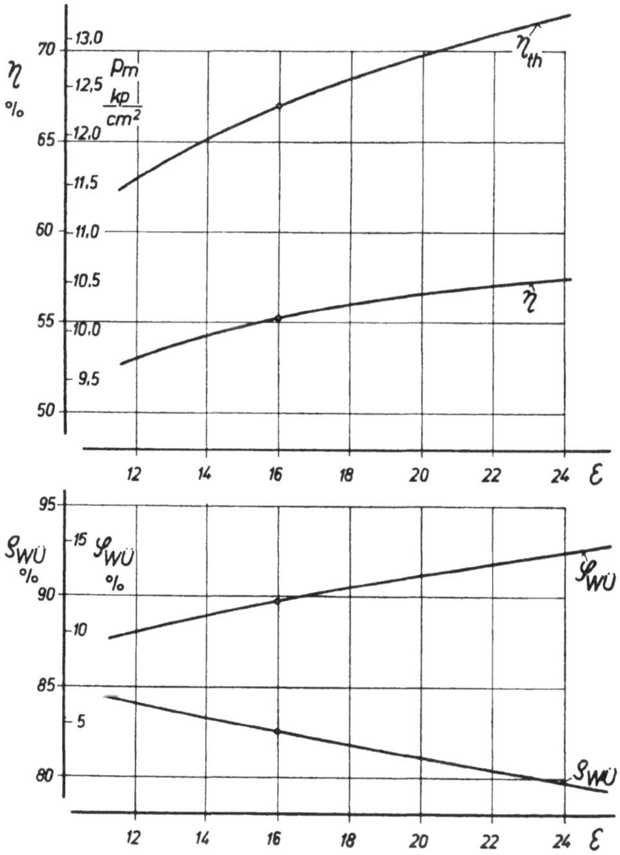

Abb. 17. Einfluß des Verdichtungsverhältnisses ε

der zugeführten Wärme theoretisch gewinnbaren Arbeit und damit schließlich die genannte Wirkungsgraderhöhung zur Folge.

Bezüglich der Wärmeverluste ist festzustellen, daß sie durch die bei größerem Verdichtungsverhältnis besonders in der Periode der Wärmezufuhr höher auftretenden Gastemperaturen und -drücke vergrößert, zugleich aber wegen der mit dem kleineren Kompressionsvolumen verknüpften kleineren Wandoberfläche vermindert werden. Dabei ist aber die Einwirkung der Wandoberfläche von untergeordneter Bedeutung, weil die hohen Gastemperaturen auf die Größe des Wärmeüberganges sowohl direkt in der Differenz zur Wandtemperatur als auch über die Wärmeübergangszahl Einfluß nehmen. Auf die Wärmeübergangszahl wirken außerdem die mit dem größeren Verdichtungsverhältnis anwachsenden Drücke bei der Wärmezufuhr steigernd. Unter Beachtung der für den Wandverlust besonders einflußreichen Periode der Wärmezufuhr in der Nähe des *OT* muß ein Ansteigen von $\varphi_{W\ddot{U}}$ mit dem Verdichtungsverhältnis erwartet werden.

Die Überlegung wird von den Ergebnissen in Abb. 17 bestätigt. Im unteren Teil der Abbildung erkennt man die Zunahme von $\varphi_{W\ddot{U}}$ sowie eine entsprechende Abnahme von $\varrho_{W\ddot{U}}$ mit Steigerung des Verdichtungsverhältnisses. Im oberen Teil der Abbildung sind die Wirkungsgrade über ε aufgetragen. Im Vergleich zu dem mit ε relativ stärker anwachsenden Wirkungsgrad des verlustlosen Prozesses η_{th} ist die Zunahme beim Wirkungsgrad des wärmeverlustbehafteten Prozesses geringer. Sie beträgt in dem für Dieselmotoren mit kompakten Brennräumen interessanten ε-Bereich von etwa $12 < \varepsilon < 18$ nur rd. 3% gegenüber dem etwa doppelt so großen Wirkungsgradzuwachs beim verlustlosen Prozeß.

3.4 Einfluß des Temperaturniveaus des Kreisprozesses

Die Variation der Kompressions-Anfangstemperatur T_1 hat eine entsprechende Veränderung des Niveaus der Gastemperaturen im gesamten Kreisprozeß zur Folge. Damit sind aber auch gleichsinnige, für die Wärmeverluste wesentliche Veränderungen in der Temperaturdifferenz zwischen Arbeitsstoff und Wand sowie in der Wärmeübergangszahl verbunden. Dadurch wirkt die Temperatur T_1 auf den Wirkungsgrad des Prozesses ein. Außerdem beeinflußt sie aber auch über die Dichte des Arbeitsstoffes die Größe des Zylinderinhaltes, damit den Mitteldruck [Gl. (58)] und wiederum den Wirkungsgrad. Nach der Hauptgleichung [Gl. (13)] wächst nämlich $\varphi_{W\ddot{U}}$ mit den Beträgen des Wandgesetzes $dq_{W\ddot{U}}/d\alpha$. Aus Gl. (20) ersieht man aber hierzu, daß durch den Einfluß der Dichte des Zylinderinhaltes (p_1/T_1 im Nenner) die Beträge des Wandgesetzes zur Kompressions-Anfangstemperatur proportional sind.

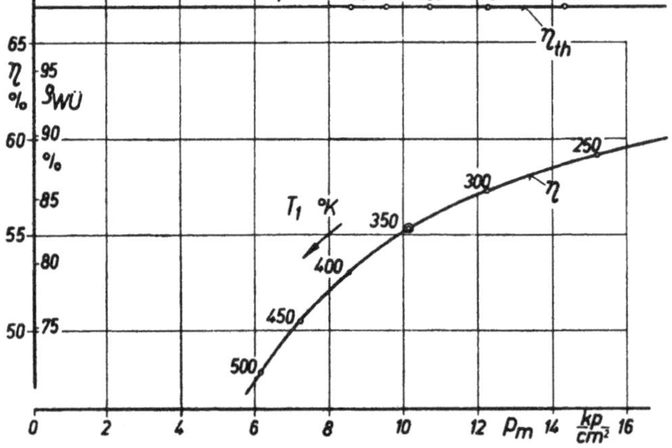

Abb. 18. Einfluß der Kompressions-Anfangstemperatur T_1

Bei den Ergebnissen in Abb. 18 wurden wieder die Koordinaten Wirkungsgrad und Mitteldruck gewählt. Der Wirkungsgrad des verlustlosen Prozesses wird natürlich vom Temperaturniveau des Prozesses nicht berührt. Wohl aber geht mit der Erhöhung der Temperatur T_1 eine Abnahme des Mitteldruckes Hand in Hand, eine Tendenz, die selbstverständlich auch beim wärmeverlustbehafteten Prozeß bestehen bleibt. Mit der Erhöhung von T_1 wachsen indessen die Wandverluste kräftig an, und der Wirkungsgrad η verringert sich. Im Bereich der in Dieselmotoren üblichen Kompressions-Anfangstemperaturen bringt daher eine Erhöhung von T_1 um 20 grd eine Wirkungsgradeinbuße von rd. 1% und eine Verminderung des Mitteldruckes von rd. 0,5 kp/cm² mit sich.

3.5 Einfluß des Druckniveaus des Kreisprozesses

Die Änderung des Kompressions-Anfangsdruckes p_1 führt zu einer sinngemäßen Änderung des Druckniveaus im gesamten Kreisprozeß. Mit einer Erhöhung des Gasdrücke durch Anhebung von p_1 ist gemäß Gl. (26) ein Anwachsen der Wärmeübergangszahl nach der Funktion $p_1^{0,5}$ verbunden. Dieser Vergrößerung der übergehenden Wärme bei ansteigendem p_1 wirkt im Wärmeübergangsgesetz [Gl. (21)] die mit p_1 wachsende Dichte des Zylinderinhaltes entgegen. Damit sind das Wandgesetz und über Gl. (13) auch die Wirkungsgradeinbuße $\varphi_{WÜ}$ vom Kompressions-Anfangsdruck abhängig gemäß $p_1^{0,5} \cdot p_1^{-1} = p_1^{-0,5}$.

Beim konstanten thermischen Wirkungsgrad des verlustlosen Prozesses η_{th} folgt daraus eine Wirkungsgradzunahme beim wärmeverlustbehafteten Kreisprozeß, wenn p_1 erhöht wird, und umgekehrt. Bei der Darstellung dieser Ergebnisse in Abb. 19 erfolgte die Auftragung der Wirkungsgrade über dem Mitteldruck, der ebenfalls von p_1 abhängig ist [Gl. (58)].

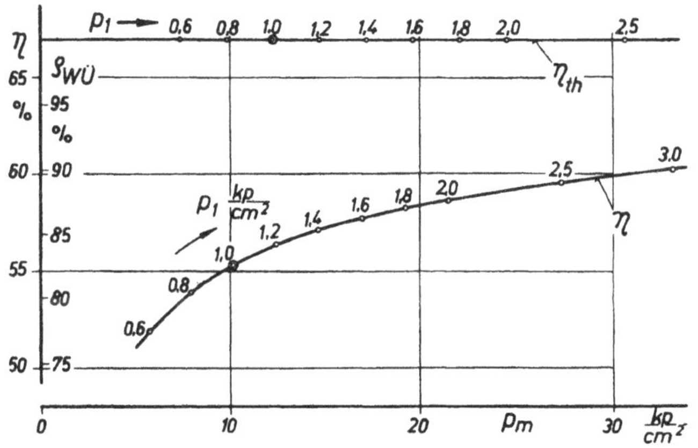

Abb. 19. Einfluß des Kompressions-Anfangsdruckes p_1

3.6 Einfluß des Temperaturniveaus des Motors

In der Newtonschen Wärmeübergangsgleichung ist die Wandtemperatur T_w in der Differenz zur Gastemperatur T_x direkt enthalten. Durch die Zulassung höherer Wandtemperaturen ist eine Verringerung dieser Temperaturdifferenz und damit des Wärmeverlustes und des Wandverlustes zu erwarten. Bedenkt man aber, daß für die Größe des Wandverlustes, wie bereits erwähnt, besonders diejenigen Vorgänge im Zylinder maßgebend sind, die sich in der Nähe des OT abspielen, so wird man an die Steigerung der Wandtemperatur nicht allzugroße Hoffnungen hinsichtlich einer Wirkungsgradverbesserung knüpfen dürfen. Geht man einmal überschlägig von einer Verbrennungshöchsttemperatur $T_x \approx 2400$ °K in der Nähe vom OT aus und variiert die mittlere Wandtemperatur von $T_w = 400$ °K auf $T_w = 600$ °K, also von 100% auf 150%, so sinkt dabei die Temperaturdifferenz $(T_x - T_w)$ von 2000 auf 1800 Grad. Das entspricht jedoch nur einer Senkung von 100 auf 90%. Dieser Hinweis möge genügen, um den relativ schwachen Wirkungsgradanstieg mit zunehmender Wandtemperatur in Abb. 20 zu erläutern.

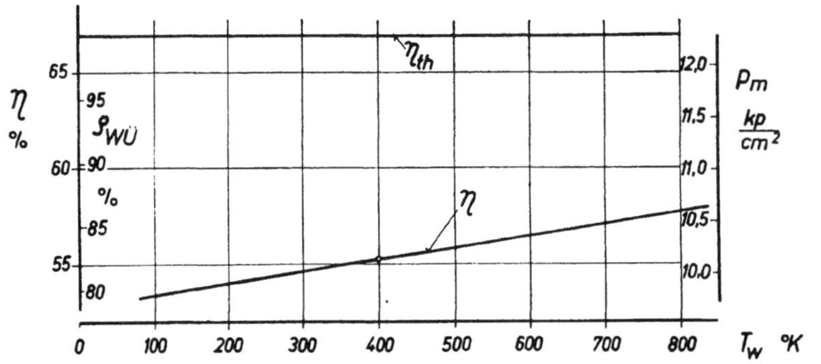

Abb. 20. Einfluß der mittleren Wandtemperatur T_w

3.7 *Einfluß der Zylinderform*

Aus Abb. 21 ist zu entnehmen, daß der Wirkungsgrad η mit abfallendem Hubverhältnis $\beta = H : B$, d.h. mit stärkerer Kurzhubigkeit des Zylinders, etwas anwächst. Aus der Betrachtung der Gl. (13) geht hervor, daß eine Veränderung des Hubverhältnisses bei sonst festgehaltenen Prozeßbedingungen lediglich über das Wärmeübergangsgesetz $dq_{W\ddot{U}}/d\alpha$ auf den Wandverlust $\varphi_{W\ddot{U}}$ einwirken kann. Aus Gl. (21) und Gl. (38) ersieht man dazu, daß das Hubverhältnis im Wandflächenverhältnis $\varphi = F_x : F_K$ auftritt. Bei den hier untersuchten Brennräumen wächst aber das Wandflächenverhältnis und damit $dq_{W\ddot{U}}/d\alpha$ und $\varphi_{W\ddot{U}}$ eindeutig mit der Zunahme von β [Gl. (40 und 60)].

3.8 *Einfluß der Triebwerksgeometrie*

Das Schubstangenverhältnis $\delta = 1 : r$ beeinflußt die gegenseitige Abhängigkeit von Kolbenbewegung und Kurbeldrehung. Es ist bekannt, daß bei konstanter Winkelgeschwindigkeit der Kurbel ein kurzes Pleuel zu größeren Kolbenbeschleunigungen und -geschwindigkeiten im Bereich des OT führt als ein längeres. Damit legt der Kolben in dem für den Wandverlust so wesentlichen Kurbelwinkelbereich gleich nach dem oberen Totpunkt bei Kurbeltrieben mit kleinem δ einen größeren Weg zurück als bei Kurbeltrieben größerer δ-Werte; Gl. (39). Im gleichen Kurbelwinkelbereich nach OT sind daher bei kleinem δ die Expansion schon weiter vorgeschritten, die Gastemperaturen und -drücke mit dem Volumenverhältnis ε_x weiter abgefallen und damit die den Wandverlust beeinflussenden Größen, Wärmeübergangszahl α_w, Temperaturdifferenz zwischen Gas und Wand $(T_x - T_w)$ sowie Momentanwirkungsgrad η_x schon kleiner geworden als beim Kurbeltrieb mit größerem δ. Das führt zu — wenn auch nur unbedeutend — geringerer Wirkungsgradeinbuße $\varphi_{W\ddot{U}}$ bei kleinem δ, d.h. bei Kurbeltrieben mit relativ kurzem Pleuel gemäß Abb. 22.

3.9 *Einfluß der Brennraumform*

Die verschiedenartige Form kompakter Brennräume wirkt über das Wandflächenverhältnis φ und darin nach Gl. (38) speziell über $(\varphi_{KB} + \varphi_{ZK})$ auf den Wandverlust ein. In grober An-

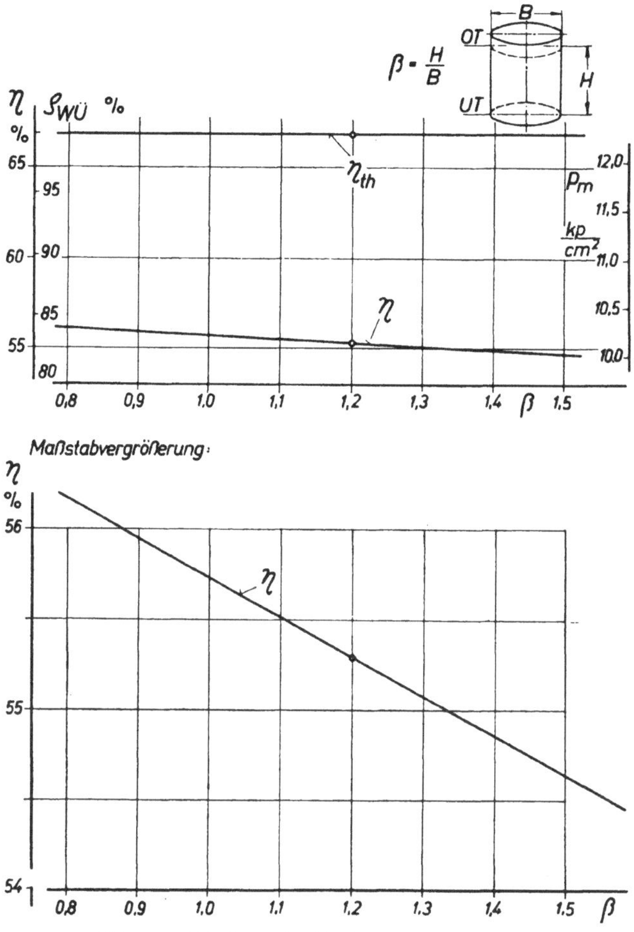

Abb. 21. Einfluß des Hubverhältnisses β

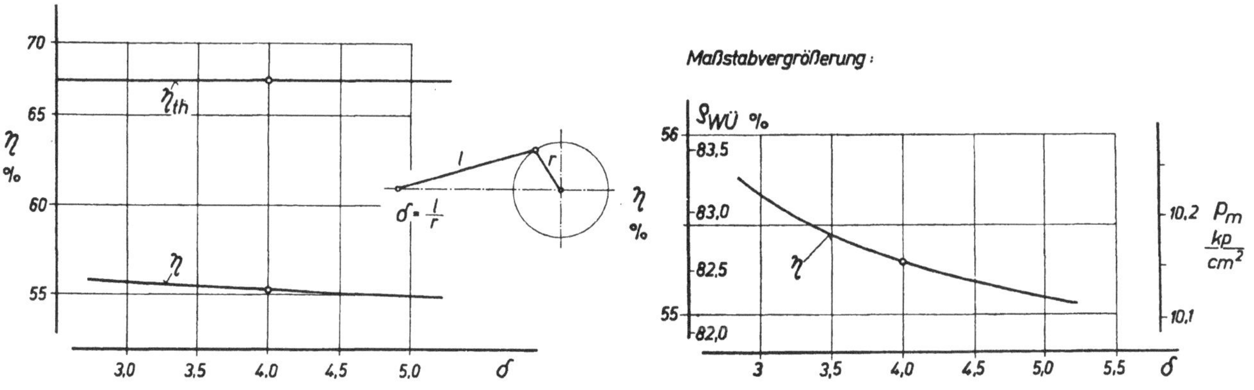

Abb. 22. Einfluß des Schubstangenverhältnisses δ

lehnung an die in Dieselmotoren mit Direkteinspritzung gebräuchlichen Brennraumformen wurde hier der Übergang von der Zylinderscheiben- über die Kegelstumpf- zur Kegelform des Brennraumes in der Auswirkung auf Wärmeverlust und Wirkungsgrad untersucht. Es zeigt sich dabei in Abb. 23, daß der Wirkungsgrad in unbedeutendem Maße — im Beispiel ca. 1% — ansteigt, wenn man von der Zylinderscheibenform des Brennraumes zur Kegelstumpfform

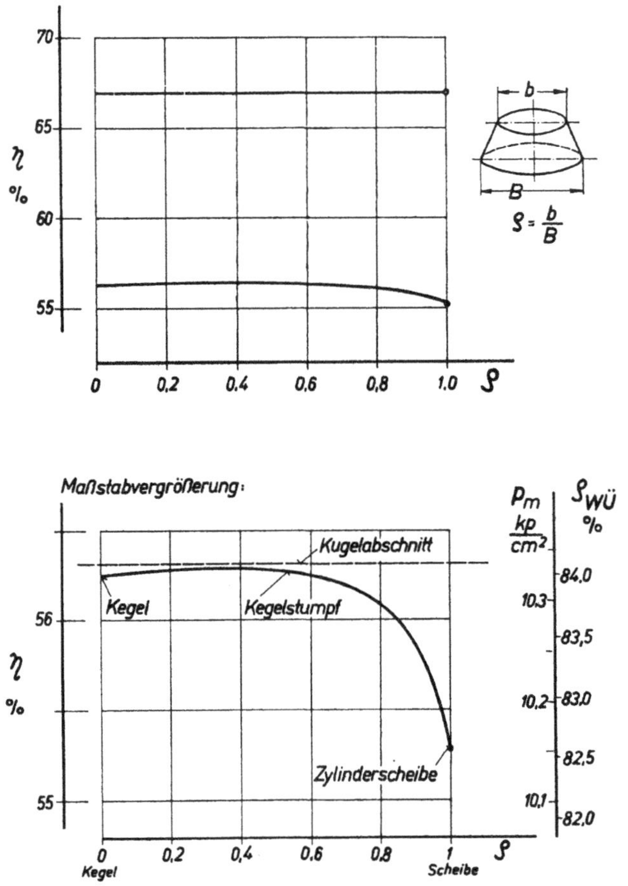

Abb. 23. Einfluß der Brennraumform „Kegelstumpf"

übergeht. Dabei ist ein relativ steiler Wirkungsgradanstieg bereits bei schwachkegeliger Aus bildung des Brennraummantels festzustellen. Stärkere Konizität des Brennraumes veränder den Wirkungsgrad nur mehr gering.

Es fällt auf, daß ein Brennraum von der Form eines Kugelabschnittes praktisch kaum besser im Wirkungsgrad ist als Kegelstumpfformen mit Durchmesserverhältnissen $\varrho = b : B$ zwischen 0 und rd. 70%.

Die Ergebnisse entstammen einer Auswertung der Hauptgleichung für den OTTO-Prozeß unter Einsatz folgender Beziehungen für den Kegelstumpf:

$$\varphi_{KB} = 1 ,$$

$$\varphi_{ZK} = \varrho^2 + (1 + \varrho) \sqrt{(1 - \varrho)^2 + \left(\frac{6 \cdot \beta}{(\varepsilon - 1)(1 + \varrho + \varrho^2)} \right)^2} . \tag{60}$$

3.10 Zusammenstellung der Ergebnisse

Unter Berücksichtigung der früher begründeten Vereinfachungen und Annahmen des Berechnungssystems und der hieraus folgenden Einschränkung der Wirklichkeitstreue seiner Ergebnisse lassen sich folgende Thesen über die Beeinflussung der Wirtschaftlichkeit von Dieselmotoren durch den Wärmeaustausch zwischen Arbeitsstoff und Zylinderwand aufstellen:

1. Bei konstantem Verdichtungsverhältnis und konstanter Wärmezufuhr ist der OTTO-Prozeß (Gleichraumprozeß) nur bei Verlustlosigkeit thermodynamisch optimal. Bei der Betrachtung des SEILIGER-Prozesses einschließlich seiner Grenzfälle verlagert sich unter dem Einfluß der Wärmeverluste das Wirkungsgradmaximum vom OTTO-Prozeß zu SEILIGER-Prozessen mit Höchstdrücken im Bereich von rd. 80 bis 100 kp/cm².

Der starke Wirkungsgradeinfluß geänderter Brenngesetze (Art der Wärmezufuhr) beim verlustlosen Prozeß wird durch die Wirksamkeit des Wandgesetzes (Wärmeverluste) beim wärmeverlustbehafteten Prozeß gemildert (Abschn. 3.1).

2. Die typische Tendenz in der Abhängigkeit zwischen indiziertem spezifischen Kraftstoffverbrauch und Mitteldruck bei Dieselmotoren mit ihrem ausgeprägten Verbrauchsminimum im mittleren Lastbereich ist auf den Einfluß der Wärmeverluste zurückzuführen (Abschn. 3.2).

3. Die Zunahme von Wirkungsgrad und Mitteldruck bei Erhöhung des Verdichtungsverhältnisses ε ist in dem bei Dieselmotoren mit kompakten Brennräumen üblichen Bereich von $12 < \varepsilon < 18$ infolge der Wärmeverluste weit geringer als im verlustlosen Prozeß (Abschn. 3.3).

4. Mit der Erhöhung der Kompressions-Anfangstemperatur fallen bei Berücksichtigung der Wärmeverluste Wirkungsgrad und Mitteldruck ab — und umgekehrt (Abschn. 3.4).

5. Mit der Erhöhung des Kompressions-Anfangsdruckes nehmen bei Berücksichtigung der Wärmeverluste Wirkungsgrad und Mitteldruck zu — und umgekehrt (Abschn. 3.5).

6. Mit der Erhöhung der mittleren Zylinderwandtemperatur nehmen bei Berücksichtigung der Wärmeverluste Wirkungsgrad und Mitteldruck zu — und umgekehrt (Abschn. 3.6).

7. Wirkungsgrad und Mitteldruck sind unter Berücksichtigung der Wärmeverluste etwas größer bei kurzhubigen Zylindern als bei langhubigen (Abschn. 3.7).

8. Wirkungsgrad und Mitteldruck sind unter Berücksichtigung der Wärmeverluste etwas größer bei Kurbeltrieben mit im Verhältnis zum Kurbelradius kurzen Pleuelstangen als mit langen (Abschn. 3.8).

9. Wirkungsgrad und Mitteldruck sind unter Berücksichtigung der Wärmeverluste etwas größer, wenn statt der Zylinderscheibenform des Brennraumes Kegelstumpf- oder Kugelabschnittsform gewählt werden (Abschn. 3.9).

Um die von den einzelnen Einflußfaktoren des Wärmeüberganges verursachten Auswirkungen auf den Wirkungsgrad in ihrer Größe vergleichen zu können, wurden die Ergebnisse der vorliegenden Untersuchungen in Abb. 24 gegenübergestellt. Bei der Darstellung wurden die für den selbstansaugenden Dieselmotor mit kompaktem Brennraum besonders interessanten Bereiche der jeweiligen Einflußgrößen schwarz angelegt. Zur besseren Veranschaulichung der Ergebnisse ist hier außerdem ein größerer Wirkungsgrad-Maßstab als bei den bisherigen Abbildungen gewählt worden.

Man erkennt, daß die Veränderung der Betriebs- und Konstruktionsparameter in den bei Dieselmotoren üblichen Grenzen infolge der damit verbundenen Änderung in den Wärmeübergangsverhältnissen im Einzelfall maximal bis zu rd. ± 2 Wirkungsgradprozenten Abweichung vom Wirkungsgrad des gewählten GRUND-OTTO-Prozesses führt. Dabei überwiegt der Wirkungsgradeinfluß geänderter Betriebsbedingungen gegenüber dem Einfluß geänderter

Konstruktionsbedingungen (β, δ, ϱ), wenn man vom Einfluß des Verdichtungsverhältnisses absieht. Innerhalb der verschiedenen Betriebskenngrößen, also bei gegebenem Motor, nehmen das Temperaturniveau des Prozesses (T_1) und die Größe der Wärmezufuhr (λ) den stärksten Einfluß auf die Wirkungsgradgestaltung.

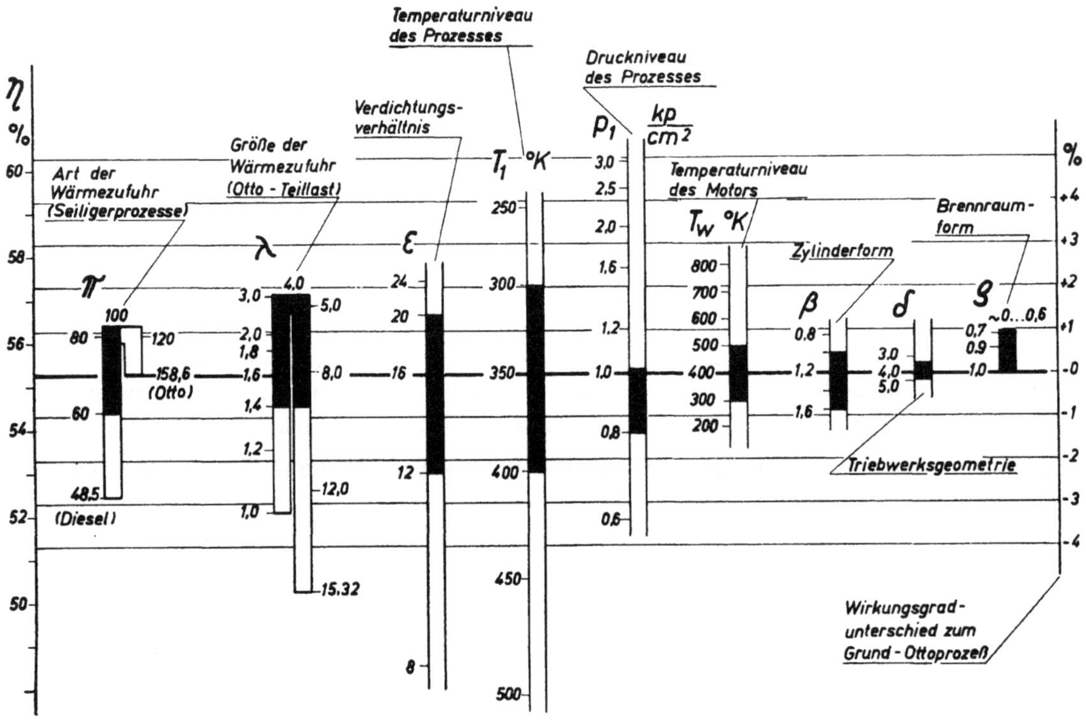

Abb. 24

Wirkungsgradbeeinflussung durch Betriebs- und Konstruktionsparameter beim GRUND-OTTO-Prozeß

4. Zusammenfassung

Die den Energieumwandlungsvorgang in einem Verbrennungsmotor begleitenden Verluste bestehen zu einem großen Teil aus dem durch den Wärmeaustausch zwischen Arbeitsstoff und Zylinderwand verursachten Arbeitsverlust, dem sog. Wandverlust. Eine zum Zwecke der Wirtschaftlichkeitsverbesserung von Verbrennungsmotoren beabsichtigte Verminderung des Wandverlustes setzt die Kenntnis über die Auswirkungen der verschiedenen Einflußfaktoren des Betriebszustandes und der Konstruktion auf den Wandverlust bzw. auf den Wirkungsgrad des Motors nach Art, Größenordnung und Tendenz voraus. In der Arbeit wird ein Überblick über diese Verhältnisse bei Dieselmotoren mit kompakten Brennräumen gegeben.

Die Ergebnisse beruhen auf einem Berechnungssystem, bei dem ideale Luft als Arbeitsstoff für ideale und sog. wärmeverlustbehaftete Kreisprozesse gewählt wurde. Die Differenz der Wirkungsgrade zwischen dem unter sonst gleichen Bedingungen ablaufenden idealen und wärmeverlustbehafteten Prozeß gibt den auf die Energiezufuhr bezogenen Wandverlust an. Er wird in verschiedener Darstellungsweise gezeigt als Funktion von der Art der Wärmezufuhr im Kreisprozeß (Prozeßtyp), Größe der Wärmezufuhr, Verdichtungsverhältnis, Temperatur- und Druckniveau des Prozesses, Temperaturniveau des Motors, Zylinderform, Triebwerksgeometrie und Brennraumform.

5. Literaturverzeichnis

[1] Hinze, W., Eine Methode zur Verlustteilung in Verbrennungsmotoren. Wiss. Zeitschr. der HfS Magdeburg IV (1960) H. 2, S. 171.
[2] Jante, A., Über Verbrennungsmotoren und Kraftfahrwesen. Verl. Technik, Berlin 1956.
[3] Hinze, W., Verfahren zur thermodynamischen Auswertung von Prüfstandsergebnissen untersuchter Verbrennungsmotoren. Diss. TH Dresden, 1955.
[4] Hinze, W., Ein Verfahren zur Ermittlung der Energieumwandlungsgesetze in Verbrennungsmotoren. Wiss. Zeitschr. der HfS Magdeburg I (1957) H. 1, S. 49.
[5] Nusselt, W., Der Wärmeübergang in der Verbrennungskraftmaschine. Forschg.-Arb. Ing.-Wes. (1923) H. 264.
[6] Wanscheidt, W. A., Theorie der Dieselmotoren. Verl. Technik, Berlin 1955.
[7] List, H., Die Verbrennungskraftmaschine, Bd. 2: Thermodynamik der Verbrennungskraftmaschine. Verl. Springer, Wien 1939.
[8] Jaklitsch, F., Wärmeübergang bei Maschinen. Beiheft 26 der Reihe 1 zum Gesundheitsingenieur. Verl. R. Oldenbourg, München und Berlin 1929.
[9] Caris, D. F. und Nelson, E. E., Eine neue Betrachtung zu hochverdichtenden Motoren. Autom. Ind., Philadelphia (1958) H. 1, S. 47.
[10] Hinze, W., Über Möglichkeiten und Ergebnisse motorthermodynamischer Analysen. Wiss. Zeitschr. der HfS Magdeburg IV (1960) H. 3, S. 257.
[11] Eichelberg, G., Zeitlicher Verlauf der Wärmeübertragung im Dieselmotor. Forschg.-Arb. Ing.-Wes. (1928) H. 300.
[12] Elser, K., Der instationäre Wärmeübergang in Dieselmotoren. Mitt. Nr. 15 aus dem Inst. f. Thermodynamik und Verbrennungsmotorenbau an der ETH Zürich. Verl. Leemann, Zürich 1954.
[13] Ibrahim, M. A., Einfluß der Kühlung auf den Wirkungsgrad eines Dieselmotors. Mitt. Nr. 5 aus dem Inst. f. Thermodynamik und Verbrennungsmotorenbau an der ETH Zürich. Verl. Leemann, Zürich 1945.
[14] Schmidt, F. A. F., Grundsätzliche Untersuchungen über den Wärmeübergang bei Verbrennungsvorgängen. Wärmeübergang bei zusätzlichen Druckschwingungen im Verbrennungsraum. Forschungsbericht Nr. 57 des Wirtschafts- und Verkehrsministeriums Nordrhein-Westfalen. Westdeutscher Verlag, Köln und Opladen 1954.
[15] Hug, K., Messung und Berechnung von Kolbentemperaturen in Dieselmotoren. Diss. ETH Zürich, 1936.
[16] Hecker, E., Der Einfluß des Wärmeüberganges auf den indizierten Wirkungsgrad der Gasmaschinen. Forschg. auf d. Geb. d. Ing.-Wes. H. 316, S. 18.
[17] Pflaum, W., Der Wärmeübergang bei Dieselmaschinen mit und ohne Aufladung. MTZ (1961) H. 3, S. 70.
[18] VDI-Wärmeatlas. VDI-Verl., Düsseldorf 1957.
[19] Hütte, 28. Auflage, Bd. I. Verl. Wilhelm Ernst und Sohn, Berlin 1955.

6. Zusammenstellung der mehrfach benutzten Formelzeichen

a		Variationsfaktor zur Wärmeübergangszahl
$A = \frac{1}{427}$	$\frac{\text{kcal}}{\text{kpm}}$	Mechanisches Wärmeäquivalent
α	°KW	Kurbelwinkel von OT aus gezählt
α_w	$\frac{\text{kcal}}{\text{m}^2\,\text{h grd}}$	Wärmeübergangszahl
b	m	Kleiner Durchmesser eines Kegelstumpfes
b	$\frac{\text{g}}{\text{PS h}}$	Spezifischer Kraftstoffverbrauch
B	m	Durchmesser der Zylinderbohrung
β		Hubverhältnis $H : B$

c_m	$\frac{\text{m}}{\text{s}}$	Mittlere Kolbengeschwindigkeit
c_v	$\frac{\text{kcal}}{\text{kg grd}}$	Spezifische Wärme von idealer Luft bei konstantem Volumen
δ		Schubstangenverhältnis $l : r$
ε		Verdichtungsverhältnis
ε_x		Volumenverhältnis $v_1 : v_x$
η_{th}		Wirkungsgrad des verlustlosen Kreisprozesses
η		Wirkungsgrad des wärmeverlustbehafteten Kreisprozesses
η_x		Momentanwirkungsgrad
η_u		Umsetzungsgrad
F_K	m^2	Zylinderquerschnitt
F_x	m^2	Gasberührte Wandfläche im Zylinder
F_{BR}	m^2	Brennraumoberfläche
F_{KB}	m^2	Kolbenbodenoberfläche
F_{ZK}	m^2	Restfläche der Brennraumwand (vorw. im Zylinderkopf)
φ		Wandflächenverhältnis $F_x : F_K$
φ_{KB}		Auf F_K bezogene Kolbenbodenfläche
φ_{ZK}		Auf F_K bezogene Restfläche
$\varphi_{W\ddot{U}}$		Wirkungsgradeinbuße durch den Wandverlust
G_L	kg	Luftgehalt des Zylinders
$G_{L\min}$	$\frac{\text{kg } L}{\text{kg Kst}}$	Mindestluftbedarf des Kraftstoffes
G_K	kg	Kraftstoffgehalt des Zylinders
G_R	kg	Abgasrest
H	m	Kolbenhub
H_u	$\frac{\text{kcal}}{\text{kg}}$	Unterer Heizwert des Kraftstoffes
K		Zustandsverhältnis
$\varkappa$		Adiabatenexponent
l	$\frac{\text{kpm}}{\text{kg}}$	Auf den Zylinderinhalt bezogene mechanische Arbeit des wärmeverlustbehafteten Prozesses
l_{th}	$\frac{\text{kpm}}{\text{kg}}$	Auf den Zylinderinhalt bezogene mechanische Arbeit des verlustlosen Prozesses
$l_{W\ddot{U}}$	$\frac{\text{kpm}}{\text{kg}}$	Auf den Zylinderinhalt bezogener Wandverlust
λ		Luftverhältnis
n	$\frac{\text{U}}{\text{min}}$	Motordrehzahl
OT		Oberer Totpunkt
p_x; P_x	$\frac{\text{kp}}{\text{cm}^2}$; $\frac{\text{kp}}{\text{m}^2}$	Druck des Arbeitsstoffes
p_m; P_m	$\frac{\text{kp}}{\text{cm}^2}$; $\frac{\text{kp}}{\text{m}^2}$	Mittlerer Arbeitsdruck (Mitteldruck)
π		Höchstdruckverhältnis $P_{\max} : P_1$

π_x		Druckverhältnis $P_x : P_1$
q	$\frac{\text{kcal}}{\text{kg}}$	Auf den Zylinderinhalt bezogene Wärmemenge
q_+	$\frac{\text{kcal}}{\text{kg}}$	Auf den Zylinderinhalt bezogene Wärmezufuhr im Kreisprozeß
Q	kcal	Wärmemenge
Q_+	kcal	Wärmezufuhr im Kreisprozeß
r	m	Kurbelradius
r_v		Anteil der isochoren Wärmezufuhr im SEILIGER-Prozeß
r_p		Anteil der isobaren Wärmezufuhr im SEILIGER-Prozeß
R_L	$\frac{\text{kpm}}{\text{kg grd}}$	Gaskonstante der Luft
ϱ		Durchmesserverhältnis am Kegelstumpf
ϱ_1	$\frac{\text{kg}}{\text{m}^3}$	Dichte der Luft bei Kompressionsbeginn
$\varrho_{W\ddot{U}}$		Vollkommenheitsgrad des wärmeverlustbehafteten Kreisprozesses
s	$\frac{\text{kcal}}{\text{kg grd}}$	Auf den Zylinderinhalt bezogene Entropie
T_x	°K	Temperatur des Arbeitsstoffes im beliebigen Prozeßpunkt X
T_w	°K	Mittlere Zylinderwandtemperatur
τ		Höchsttemperaturverhältnis $T_{\max} : T_1$
τ_w		Temperaturverhältnis $T_w : T_1$
UT		Unterer Totpunkt
v_x	$\frac{\text{m}^3}{\text{kg}}$	Spezifisches Volumen des Arbeitsstoffes im beliebigen Prozeßpunkt X
V_h	m^3	Hubvolumen eines Zylinders
V_c	m^3	Kompressionsraum eines Zylinders
V_{zyl}	m^3	Gesamtzylindervolumen
x	m	Kolbenweg von OT aus
x		Kennwert für die Wärmeabfuhr im idealen Prozeß
X		Allgemeine Bezeichnung für beliebigen Zustandspunkt im Prozeß
y		Kennwert für die Wärmezufuhr im idealen Prozeß
z	s	Zeit
Z	kg	Masse des Zylinderinhaltes

Indizes

x	Allgemeine Bezeichnung für beliebigen Zustandspunkt des Prozesses
1	Kompressionsbeginn
2	Kompressionsende
3	Ende der isochoren Wärmezufuhr
4	Ende der isobaren Wärmezufuhr
5	Ende der Expansion
$W\ddot{U}$	Betrifft Wärmeübergangsgesetz oder Wandverlust
WE	Betrifft Wärmeentwicklung
$o\,x$	Betrifft Heizgesetz

12	Betrifft Kompression
23	Betrifft isochore Wärmezufuhr
34	Betrifft isobare Wärmezufuhr
u	Betrifft Prozeßpunkt im Gesamtzylindervolumen, der auf der gleichen Adiabate mit beliebigem Prozeßpunkt X liegt.

7. Anhang mit Berechnungsbeispiel

An einem numerischen Beispiel soll die Handhabung des Bestimmungsverfahrens für $\varphi_{W\bar{U}}$ demonstriert werden. Es werden Wirkungsgrad, Mitteldruck und Vollkommenheitsgrad eines wärmeverlustbehafteten SEILIGER-Prozesses bei folgenden Bedingungen berechnet:

1.	Dieselmotor mit Zylinderscheibenbrennraum	
2.	Verdichtungsverhältnis	$\varepsilon = 16$
3.	Hubverhältnis	$\beta = 1{,}2$
4.	Schubstangenverhältnis	$\delta = 4$
5.	Kompressions-Anfangstemperatur	$T_1 = 350$ °K
6.	Kompressions-Anfangsdruck	$p_1 = 1{,}0$ kp/cm²
7.	Mittlere Wandtemperatur	$T_w = 400$ °K
8.	Höchstdruckverhältnis	$\pi = 60$
9.	Luftverhältnis	$\lambda = 1{,}6$
10.	Variationsfaktor für α_w	$a = 0{,}25$
11.	Adiabatenexponent für ideale Luft	$\varkappa = 1{,}4$.

Die Berechnung von $\varphi_{W\bar{U}}$ erfolgt nach den Gl. (44...48):

$$\varphi_{W\bar{U}} = C\left[\int\limits_{\alpha_1=180°\,\mathrm{v}OT}^{\alpha_2=0°} J_{12}\,d\alpha + \int\limits_{\alpha_2=0°}^{\alpha_4} J_{24}\,d\alpha + \int\limits_{\alpha_4}^{\alpha_5=180°\,\mathrm{n}OT} J_{45}\,d\alpha\right]. \tag{44}$$

Hierin ist nach Gl. (45)

$$C = \frac{6{,}41}{10^{12}} \cdot a \cdot \lambda \cdot T_1^2 \sqrt{\frac{T_1}{P_1}} \qquad \frac{1}{°\mathrm{KW}}.$$

Mit den Zahlenwerten des Beispiels wird

$$C = \frac{6{,}41}{10^{12}} \cdot 0{,}25 \cdot 1{,}6 \cdot 350^2 \sqrt{\frac{350}{1}}$$

$$\underline{C = 5{,}873 \cdot 10^{-6}} \qquad \frac{1}{°\mathrm{KW}}.$$

Die Gl. (46) gibt die im Kompressionsintegral zu verwendende Funktion J_{12} an:

$$J_{12} = \varphi \cdot \varepsilon_x \left(1 - \frac{1}{\varepsilon_x^{\varkappa-1}}\right)(\varepsilon_x^{\varkappa-1} - \tau_w).$$

Hierin ist φ das Wandflächenverhältnis. Nach Gl. (40) ergibt sich dieses für den Zylinderscheibenbrennraum zu

$$\varphi = 4 \cdot \beta \frac{x}{H} + \frac{4 \cdot \beta}{\varepsilon - 1} + 2.$$

Mit den Werten des Beispiels ist

$$\varphi = 4 \cdot 1{,}2 \cdot \frac{x}{H} + \frac{4 \cdot 1{,}2}{16 - 1} + 2$$

$$\underline{\varphi = 4{,}8 \cdot \frac{x}{H} + 2{,}32}.$$

Der relative Kolbenweg x/H in dieser Gleichung wird in Abhängigkeit vom Kurbelwinkel α berechnet mit Gl. (39):

$$\frac{x}{H} = \frac{1}{2}\left[(1 - \cos\alpha) + \frac{1}{4\,\delta}(1 - \cos 2\,\alpha)\right].$$

Für das Beispiel ist mit $\delta = 4$

$$\frac{x}{H} = 0{,}5\,[(1 - \cos\alpha) + 0{,}0625\,(1 - \cos 2\,\alpha)]\,.$$

In der J_{12}-Gleichung steht außerdem das Volumenverhältnis ε_x. Mit Gl. (41) berechnet es sich zu

$$\varepsilon_x = \frac{\varepsilon}{(\varepsilon - 1)\left(\frac{1}{\varepsilon - 1} + \frac{x}{H}\right)}\,.$$

Für das Beispiel wird

$$\varepsilon_x = \frac{16}{(16 - 1)\left(\frac{1}{16 - 1} + \frac{x}{H}\right)}$$

$$\varepsilon_x = \frac{1{,}0667}{0{,}0667 + \frac{x}{H}}\,.$$

In der J_{12}-Beziehung muß schließlich noch das Wandtemperaturverhältnis $\tau_w = T_w : T_1$ eingesetzt werden. Mit $T_w = 400$ °K und $T_1 = 350$ °K ist

$$\underline{\tau_w = 1{,}143}\,.$$

Die im Isobaren-Integral von Gl. (44) einzusetzende Funktion J_{24} ist gemäß Gl. (47)

$$J_{24} = \pi^2\,\frac{\varphi}{\varepsilon_x^{\varkappa-1}}\left(1 - \frac{1}{\varepsilon_x^{\varkappa-1}}\right)\left(\frac{1}{\varepsilon_x} - \frac{\tau_w}{\pi}\right).$$

Für das Beispiel gelten darin die Werte

$$\pi^2 = 60^2$$

$$\underline{\pi^2 = 3600}$$

$$\underline{\frac{\tau_w}{\pi} = \frac{1{,}143}{60} = 0{,}01905}\,.$$

Die im Expansionsintegral von Gl. (44) zu integrierende Funktion J_{45} ist nach Gl. (48)

$$J_{45} = K_4^2 \cdot \varphi \cdot \varepsilon_x\left(1 - \frac{1}{\varepsilon_x^{\varkappa-1}}\right)\left(\varepsilon_x^{\varkappa-1} - \frac{\tau_w}{K_4}\right).$$

Hierin ist nach Gl. (29)

$$K_4 = \frac{\pi}{\varepsilon_4^{\varkappa}}\,.$$

Zur Berechnung von K_4 muß zunächst das für den Endpunkt der isobaren Wärmezufuhr, Punkt 4, zutreffende Volumenverhältnis ε_4 bestimmt werden. Dazu dient Gl. (34):

$$\varepsilon_4 = \frac{1}{\left[r_p\,\frac{q_+}{c_v\,T_1}\cdot\frac{1}{\varkappa\cdot\pi}\right] + \frac{1}{\varepsilon}}\,.$$

Hierin sind

$$r_p = 1 - r_v\,, \qquad \text{[s. Gl. (33)]}$$

$$r_v = \frac{c_v\,T_1}{q_+}\left(\frac{\pi}{\varepsilon} - \varepsilon^{\varkappa-1}\right), \qquad \text{[s. Gl. (32)]}$$

$$q_+ = \frac{705{,}5}{\lambda}\cdot\frac{\varepsilon-1}{\varepsilon}\,. \qquad \text{[s. Gl. (15)]}$$

Für das Beispiel ergeben sich mit $c_v = 0{,}1714$ und $\varkappa = 1{,}4$ für ideale Luft

$$q_+ = \frac{705{,}5}{1{,}6}\cdot\frac{16-1}{16}$$

$$\underline{q_+ = 413{,}4\ \text{kcal/kg}}\,,$$

$$r_v = \frac{0{,}1714\cdot 350}{413{,}4}\left(\frac{60}{16} - 16^{0{,}4}\right)$$

$$\underline{r_v = 0{,}1046}\,,$$

$$r_p = 1 - 0{,}1046$$

$$r_p = 0{,}8954\,.$$

Damit wird

$$\varepsilon_4 = \frac{1}{\left[\dfrac{0{,}8954\cdot 413{,}4}{0{,}1714\cdot 350\cdot 1{,}4\cdot 60}\right] + 0{,}0625}\,,$$

$$\underline{\varepsilon_4 = 7{,}355}\,.$$

Für den Punkt 4 werden bei der späteren Rechnung außer $\varepsilon_4^{\varkappa}$ in der K_4-Beziehung auch noch andere Beziehungen mit ε_4 benötigt. Es ergeben sich folgende Beträge:

$$\varepsilon_4^{\varkappa} = 7{,}355^{1{,}4} = 16{,}34$$

$$\varepsilon_4^{\varkappa-1} = 7{,}355^{0{,}4} = 2{,}221$$

$$\frac{1}{\varepsilon_4^{\varkappa-1}} = 7{,}355^{-0{,}4} = 0{,}450$$

$$1 - \frac{1}{\varepsilon_4^{\varkappa-1}} = \eta_4 = 1 - 0{,}450 = 0{,}550$$

$$\frac{1}{\varepsilon_4} = 7{,}355^{-1} = 0{,}1360$$

$$K_4 = \frac{\pi}{\varepsilon_4^{\varkappa}} = \frac{60}{16{,}34} = 3{,}676$$

$$K_4^2 = 13{,}51$$

$$\frac{\tau_w}{K_4} = \frac{1{,}143}{3{,}676} = 0{,}311\,.$$

Mit dem berechneten Volumenverhältnis ε_4 ergibt sich auch die Kolbenstellung bei Ende der Wärmezufuhr nach Gl. (42)

$$\frac{x_4}{H} = \frac{\varepsilon}{\varepsilon-1}\left(\frac{1}{\varepsilon_4} - \frac{1}{\varepsilon}\right).$$

Im Beispiel ist

$$\frac{x_4}{H} = \frac{16}{16-1}\left(\frac{1}{7{,}355} - \frac{1}{16}\right)$$

$$\frac{x_4}{H} = 0{,}0784\,.$$

Dieser Betrag sagt aus, daß der Kolben bei beendeter Wärmezufuhr fast 8% des Hubes vom OT entfernt steht. Setzt man nun die für das gewählte Beispiel berechneten konstanten Größen ein, so ergeben sich für die zu integrierenden Funktionen folgende Formeln:

$$J_{12} = \varphi \cdot \varepsilon_x (1 - \varepsilon_x^{-0,4}) (\varepsilon_x^{0,4} - 1,143) ,$$

$$J_{24} = 3600 \cdot \varphi \cdot \varepsilon_x^{-0,4} (1 - \varepsilon_x^{-0,4}) (\varepsilon_x^{-1} - 0,01905) ,$$

$$J_{45} = 13,51 \cdot \varphi \cdot \varepsilon_x (1 - \varepsilon_x^{-0,4}) (\varepsilon_x^{0,4} - 0,311) .$$

Nachdem hiermit die in Frage kommenden Zahlenwerte berechnet bzw. Teilgleichungen numerisch vorbereitet wurden, sind die Funktionen J_{12}, J_{24} und J_{45} in ihrem Gültigkeitsbereich punktweise in Abhängigkeit vom Kurbelwinkel α zu berechnen. Es werden hierzu Rechentabellen angelegt, in denen jede Spalte die Funktionswerte für eine bestimmte Kurbelstellung enthält. Die dabei vorgesehene Staffelung der Kurbelwinkel sieht eine dichtere Punktfolge in dem für den Wandverlust besonders wichtigen Bereich beim OT vor. Die eingetragenen Zahlenwerte des Kurbelwinkels geben jeweils den Winkelgradabstand zum OT, entsprechend $\alpha = 0$ °KW, an. In den Tabellen 1 bis 3 werden die rein kurbelwinkelabhängigen Größen x/H, φ sowie ε_x und ihre Funktionen berechnet. Erst in den späteren Tabellen (4ff.) sind die zusammenfassenden Rechnungen für die jeweils in Betracht kommenden Prozeßepochen vorgenommen.

Aus einer genauen Auftragung des relativen Kolbenweges über dem Kurbelwinkel α, s. Abb. 25, entnimmt man, daß der oben berechneten Kolbenstellung des Punktes 4 am Ende der Wärmezufuhr $x_4/H = 0,0784$ der Kurbelwinkel $\alpha_4 = 29,2$ °KW n. OT entspricht. Damit haben die bei der Berechnung von φ_{WU} zu integrierenden Funktionen in folgenden Kurbelwinkelbereichen des Prozesses Gültigkeit:

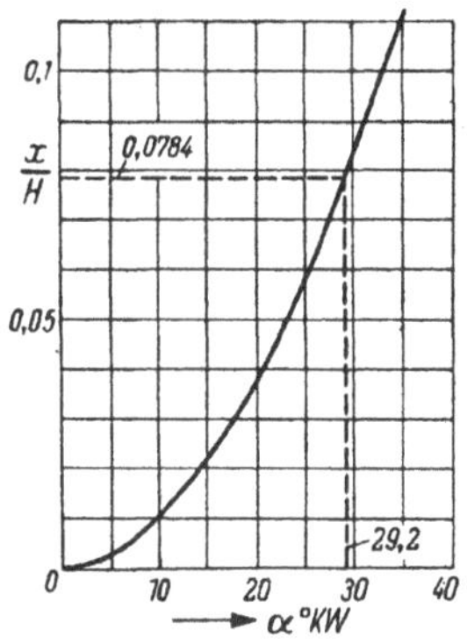

Abb. 25
Relativer Kolbenweg
$x/H = f(\alpha)$

J_{12}	von 180 °KW v. OT	bis 0 °KW (= OT),
J_{24}	von 0 °KW (= OT)	bis 29,2 °KW n. OT,
J_{45}	von 29,2 °KW n. OT	bis 180 °KW n. OT.

Dementsprechend wurden die Tabelle 4 zur Berechnung von J_{12}, Tabelle 5 für J_{24} und Tabelle 6 für J_{45} hinsichtlich ihrer Spalteneinteilung eingerichtet. Den Tabellen wird stets eine Bemerkung über diejenigen Werte vorangestellt, die aus anderen Tabellen übernommen werden; der jeweilige Hinweis benutzt eine Zahlenangabe, in der die erste Ziffer die Tabellennummer, die zweite die Zeile innerhalb der Tabelle angibt, in der die benutzten Werte aufgeführt sind.

Die Berechnung der Funktionswerte für den Pkt. 4 am Ende der Wärmezufuhr erfolgt gesondert von den Tabellen mit den für diesen Punkt bereits berechneten Werten. Eine Einrichtung der J_{24}-Gleichung für Pkt. 4 ergibt

$$J_4 = 3600 \cdot \varphi_4 \cdot \varepsilon_4^{-0,4} (1 - \varepsilon_4^{-0,4}) (\varepsilon_4^{-1} - 0,01905) .$$

Mit $x_4/H = 0,0784$ erhält man dazu

$$\varphi_4 = (4,8 \cdot 0,0784) + 2,32$$

$$\underline{\varphi_4 = 2,6914} .$$

Setzt man diesen und die für Pkt. 4 bereits berechneten Werte ein, so ist

$$J_4 = 3600 \cdot 2,6914 \cdot 0,45 \cdot 0,55 (0,1360 - 0,0191)$$

$$\underline{J_4 = 280,6} .$$

Tab. 1. Relativer Kolbenweg $x/H = 0{,}5\,(1 - \cos\alpha) + 0{,}0625\,(1 - \cos 2\alpha)$

1.1	α °KW	0	5	10	15	20	25	30	40	50	60	70	80	100	120	140	160	180
1.2	$\cos\alpha$	1,0000	0,9962	0,9848	0,9659	0,9397	0,9063	0,8660	0,7660	0,6428	0,5000	0,3420	0,1736	–0,1736	–0,5000	–0,7660	–0,9397	–1,0000
1.3	$1 - \cos\alpha$	0	0,0038	0,0152	0,0341	0,0603	0,0937	0,1340	0,2340	0,3572	0,5000	0,6580	0,8264	1,1736	1,5000	1,7660	1,9397	2,0000
1.4	$2 \cdot \alpha$ °KW	0	10	20	30	40	50	60	80	100	120	140	160	200	240	280	320	360
1.5	$\cos 2\alpha$	1,0000	0,9848	0,9397	0,8660	0,7660	0,6428	0,5000	0,1736	–0,1736	–0,5000	–0,7660	–0,9397	–0,9397	–0,5000	0,1736	0,7660	1,0000
1.6	$1 - \cos 2\alpha$	0	0,0152	0,0603	0,1340	0,2340	0,3572	0,5000	0,8264	1,1736	1,5000	1,7660	1,9397	1,9397	1,5000	0,8264	0,2340	0
1.7	$0{,}0625\,(1 - \cos 2\alpha)$	0	0,0010	0,0038	0,0084	0,0146	0,0223	0,0313	0,0517	0,0734	0,0938	0,1104	0,1212	0,1212	0,0938	0,0517	0,0146	0
1.8	$(1 - \cos\alpha) + 0{,}0625\,(1 - \cos 2\alpha)$	0	0,0048	0,0190	0,0425	0,0749	0,1160	0,1653	0,2857	0,4306	0,5938	0,7684	0,9476	1,2948	1,5938	1,8177	1,9543	2,0000
1.9	x/H	0	0,0024	0,0095	0,0213	0,0375	0,0580	0,0827	0,1429	0,2153	0,2969	0,3842	0,4738	0,6474	0,7969	0,9089	0,9772	1,0000

Tab. 2. Wandflächenverhältnis $\varphi = 4{,}8 \cdot \frac{x}{H} + 2{,}32$ (Benutzte Werte: 1.9)

2.1	α °KW	0	5	10	15	20	25	30	40	50	60	70	80	100	120	140	160	180
2.2	$4{,}8 \cdot x/H$	0	0,0115	0,0456	0,1022	0,1800	0,2783	0,3970	0,6860	1,0330	1,4250	1,8440	2,2730	3,1070	3,8250	4,3620	4,6900	4,8000
2.3	φ	2,3200	2,3315	2,3656	2,4222	2,5000	2,5983	2,717	3,0060	3,3530	3,7450	4,1640	4,5930	5,3270	6,1450	6,6820	7,0100	7,1200

Tab. 3. Volumenverhältnis $\varepsilon_x = \frac{1{,}0667}{0{,}0667 + x/H}$ (Benutzte Werte: 1.9)

3.1	α °KW	0	5	10	15	20	25	30	40	50	60	70	80	100	120	140	160	180
3.2	$0{,}0667 + x/H$	0,0667	0,0691	0,0762	0,0880	0,1042	0,1247	0,1494	0,2096	0,2820	0,3636	0,4509	0,5405	0,7141	0,8636	0,9756	1,0439	1,0667
3.3	ε_x	16,0	15,44	14,00	12,12	10,24	8,552	7,140	5,090	3,783	2,933	2,367	1,973	1,493	1,235	1,094	1,023	1
3.4	$\varepsilon_x^{0,4}$	3,028	2,987	2,876	2,712	2,536	2,359	2,194	1,918	1,703	1,551	1,412	1,313	1,174	1,089	1,037	1,009	1
3.5	$\varepsilon_x^{-0,4}$	0,3304	0,3349	0,3479	0,3687	0,3944	0,4240	0,4559	0,5213	0,5872	0,6447	0,7083	0,7616	0,8520	0,9180	0,9640	0,9908	1
3.6	$1 - \varepsilon_x^{-0,4} = \eta_x$	0,6696	0,6651	0,6521	0,6313	0,6056	0,5760	0,5441	0,4787	0,4128	0,3553	0,2917	0,2384	0,1480	0,0820	0,0360	0,0092	0

Tab. 4. $J_{12} = \varphi \cdot \varepsilon_x\,(1 - \varepsilon_x^{-0,4})\,(\varepsilon_x^{0,4} - 1{,}143)$ (Benutzte Werte: 2.3, 3.3, 3.6, 3.4)

4.1	α °KW	0	5	10	15	20	25	30	40	50	60	70	80	100	120	140	160	180
4.2	$\varepsilon_x^{0,4} - 1{,}143$	1,886	1,844	1,733	1,569	1,393	1,216	1,051	0,775	0,560	0,408	0,269	0,170	0,031	–0,054	–0,106	–0,134	–0,143
4.3	J_{12}	46,90	44,32	37,44	29,16	21,58	15,56	11,09	5,674	2,931	1,595	0,7734	0,3676	0,0365	–0,0336	–0,0279	–0,00884	0

Tab. 5. $J_{24} = 3600 \cdot \varphi \cdot \varepsilon_x^{-0,4} (1 - \varepsilon_x^{-0,4}) (\varepsilon_x^{-1} - 0,01905)$ (Benutzte Werte: 2.3, 3.5, 3.6, 3.3)

5.1	α °KW	0	5	10	15	20	25	...
5.2	ε_x^{-1}	0,0625	0,0648	0,0715	0,0825	0,0977	0,1169	
5.3	$\varepsilon_x^{-1} - 0,01905$	0,0434	0,0457	0,0524	0,0634	0,0786	0,0978	
5.4	J_{24}	80,12	85,50	101,2	128,7	168,8	223,4	

Tab. 6. $J_{45} = 13,51 \cdot \varphi \cdot \varepsilon_x (1 - \varepsilon_x^{-0,4}) (\varepsilon_x^{0,4} - 0,311)$ (Benutzte Werte: 2.3, 3.3, 3.6, 3.4)

6.1	α °KW	...	30	40	50	60	70	80	100	120	140	160	180
6.2	$\varepsilon_x^{0,4} - 0,311$		1,883	1,607	1,392	1,240	1,101	1,002	0,863	0,778	0,726	0,698	0,689
6.3	J_{45}		268,6	159,0	98,42	65,45	42,75	29,28	13,71	6,540	2,581	0,6221	0

Bei der Kontrolle mit der für Pkt. 4 eingerichteten J_{45}-Gleichung erhält man natürlich denselben Wert:

$$J_4 = 13,51 \cdot \varphi_4 \cdot \varepsilon_4 (1 - \varepsilon_4^{-0,4}) (\varepsilon_4^{0,4} - 0,311) = 13,51 \cdot 2,6914 \cdot 7,355 \cdot 0,55 (2,221 - 0,311)$$
$$= 280,6 .$$

Nachdem nun die zu integrierenden Funktionen J_{12}, J_{24} und J_{45} für den ganzen SEILIGER-Prozeß in Tabellen vorliegen, werden sie über dem Kurbelwinkel aufgetragen. Es entsteht das Diagramm der Abb. 26. Die dort auf der Abszisse markierten Kurbelwinkel gelten für die Kompressionsfunktion J_{12} in °KW vor OT, für die Funktionen des Expansionshubes J_{24} und J_{45} in °KW nach OT. Durch Planimetrieren der Flächen unter den eingetragenen Kurven

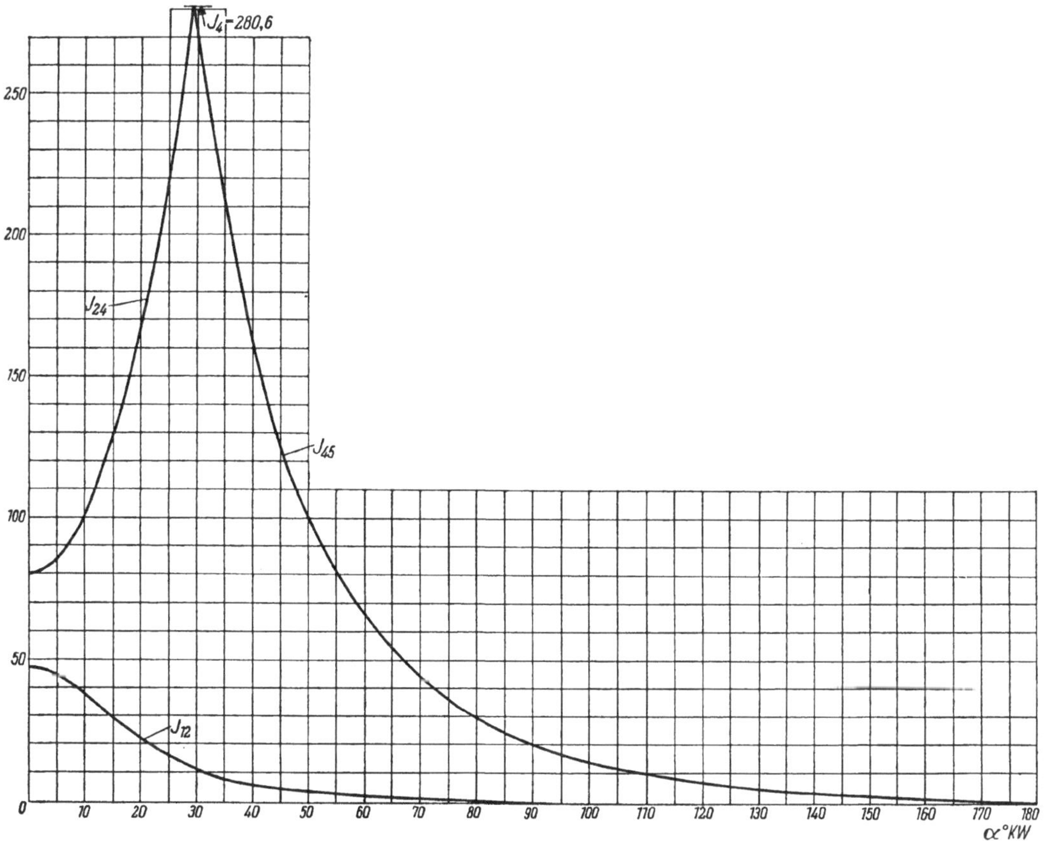

Abb. 26. Die Funktionen J_{12}, J_{24}, J_{45} in Abhängigkeit vom Kurbelwinkel α

des Diagrammes (26) im Originalmaßstab erhält man für die

Kompression	$F_{12} = 20{,}95$ cm²,
Isobare	$F_{24} = 83{,}05$ cm²,
Expansion	$F_{45} = 120{,}23$ cm²,
$F_{12} + F_{24} + F_{45} =$	$F = 224{,}23$ cm².

Die Summe der drei Bereichsintegrale in der $\varphi_{W\ddot{U}}$-Beziehung [eckig eingeklammert in Gl. (44)] ergibt sich nun folgendermaßen:

$$\frac{\varphi_{W\ddot{U}}}{C} = \left[\int_{\alpha_1}^{\alpha_2} + \int_{\alpha_2}^{\alpha_4} + \int_{\alpha_4}^{\alpha_5}\right] = F \cdot M\,.$$

M bezeichnet den Flächenmaßstab des Originaldiagrammes: $M = 50 \frac{°\mathrm{KW}}{\mathrm{cm}^2}$.

$$\frac{\varphi_{W\ddot{U}}}{C} = 224{,}23 \cdot 50$$

$$\frac{\varphi_{W\ddot{U}}}{C} = 11211{,}5 \quad °\mathrm{KW}$$

$$\varphi_{W\ddot{U}} = C \cdot \frac{\varphi_{W\ddot{U}}}{C}$$

$$= \frac{5{,}873 \cdot 11211{,}5}{1\,000\,000}$$

$$= 0{,}0658$$

$$\underline{\varphi_{W\ddot{U}} = 6{,}58\%.}$$

Die Bestimmung des Wirkungsgrades im wärmeverlustbehafteten SEILIGER-Prozeß η geschieht mit Gl. (3). Es ist danach

$$\eta = \eta_{th} - \varphi_{W\ddot{U}}\,.$$

Zur Lösung dieser Gleichung muß zunächst der thermische Wirkungsgrad des idealen SEILIGER-Prozesses η_{th} berechnet werden. Nach Gl. (49) ist

$$\eta_{th} = 1 - \frac{x}{y}\,.$$

Darin nach Gl. (54)

$$x = K_4 - 1$$

und nach Gl. (50)

$$y = \frac{q_+}{c_v \cdot T_1}\,.$$

Setzt man die Werte des Beispiels ein, dann ergibt sich

$$x = 3{,}676 - 1$$

$$\underline{x = 2{,}676}\,,$$

$$y = \frac{413{,}4}{0{,}1714 \cdot 350}$$

$$\underline{y = 6{,}895}\,,$$

$$\eta_{th} = 1 - \frac{2{,}676}{6{,}895}$$

$$= 0{,}6119$$

$$\eta_{th} = 61{,}19\%.$$

Damit wird schließlich der gesuchte Wirkungsgrad des wärmeverlustbehafteten SEILIGER-Prozesses

$$\eta = 61,19 - 6,58$$

$$\underline{\eta = 54,61\%.}$$

Der Vollkommenheitsgrad des berechneten Prozesses ist

$$\varrho_{WU} = \frac{\eta}{\eta_{th}} \qquad \text{[s. Gl. (56)]}$$

$$= \frac{54,61}{61,19}$$

$$\underline{\varrho_{WU} = 89,28\%.}$$

Die Mitteldrücke des idealen und des wärmeverlustbehafteten Prozesses ergeben sich mit Gl. (58) zu

$$p_m = 102,8 \frac{p_1}{T_1 \cdot \lambda} \cdot \eta\%$$

$$p_{m\,th} = \left(\frac{102,8 \cdot 1}{350 \cdot 1,6}\right) \cdot 61,19$$

$$\underline{p_{m\,th} = 11,23 \text{ kp/cm}^2}$$

$$p_m = (0,1836) \cdot 54,61$$

$$\underline{p_m = 10,03 \text{ kp/cm.}}$$

Bei Fragen zur Produktsicherheit wenden Sie sich bitte an:
If you have any questions regarding product safety,
please contact:

Walter de Gruyter GmbH
Genthiner Straße 13
10785 Berlin
productsafety@degruyterbrill.com